개정판

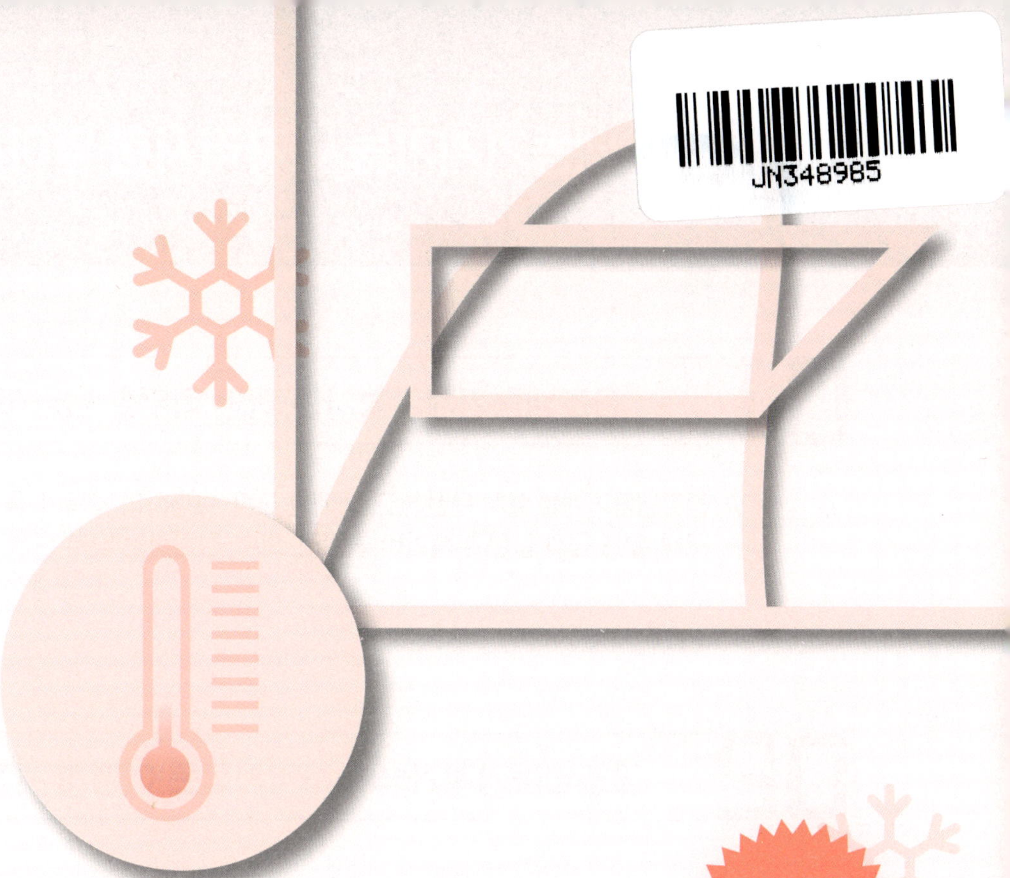

필답형
대비

모아
공조냉동기계
기능사 실기

모아합격전략연구소

합격에 딱 맞춰 다이어트 제대로 한 핵심이론
핵심개념들을 제대로 해부해서 만들어낸 예상문제
합격으로 향하는 마지막 지름길

공조냉동기계기능사 자격시험 알아보기

01 공조냉동기계기능사는 어떤 업무를 담당하는가?

A. 공조냉동기계를 설치 운전하고, 냉매를 교환·보충하며 압축기, 응축기, 증발기, 펌프, 모터, 밸브 등과 같은 부속설비를 관리, 보수, 점검하는 업무 수행.

02 공조냉동기계기능사 자격시험은 어떻게 시행되는가?

시행기관
한국산업인력공단

시험과목(필기)
공조 냉동
자동제어 및 안전관리

시행과목(실기)
공조냉동기계 실무

검정방법(필기)
객관식 60문항
60분

검정방법(실기)
동관작업 1시간 55분
필답형 1시간

합격기준
필기 : 100점을 만점으로 하여 60점 이상
실기 : 100점을 만점으로 하여 60점 이상

03 공조냉동기계기능사 자격시험은 언제 시행되는가?

구분	필기원서접수	필기시험	필기 합격자 발표 (예정자)	실기 원서접수	실기 시험	최종 합격자 발표일
2024년 제1회	01.02 ~ 01.05	01.21 ~ 01.24	01.31(수)	02.05 ~ 02.08	03.16 ~ 04.02	04.17(화)
2024년 제2회	03.12 ~ 03.15	03.31 ~ 04.04	04.17(수)	04.23 ~ 04.26	06.01 ~ 06.16	07.03(화)
2024년 제3회	05.28 ~ 05.31	06.16 ~ 06.20	06.26(수)	07.16 ~ 07.19	08.17 ~ 09.03	09.25(수)
2024년 제4회	08.20 ~ 08.23	09.08 ~ 09.12	09.25(수)	09.30 ~ 10.04	11.09 ~ 11.24	12.11(수)

04 공조냉동기계기능사 최근 합격률은 어떠한가?

연도	필기			실기		
	응시	합격	합격률	응시	합격	합격률
2023	8,375명	2,301명	27.5%	3,210명	1,497명	46.6%
2022	7,170명	1,836명	25.6%	3,562명	2,095명	58.8%
2021	7,913명	4,047명	51.1%	5,749명	3,320명	57.7%
2020	7,031명	3,822명	54.4%	5,563명	2,978명	53.5%
2019	7,793명	4,043명	51.9%	6,019명	3,086명	51.3%
2018	7,504명	4,116명	54.9%	6,218명	2,989명	48.1%
2017	6,662명	3,586명	53.8%	5,688명	2,867명	50.4%

05 공조냉동기계기능사 자격시험 응시 사이트는 어디인가?

A. 큐넷, http://www.q-net.or.kr 원서 접수는 온라인(인터넷, 모바일앱)에서만 가능합니다. 스마트폰, 태블릿PC 사용자는 모바일앱 프로그램을 설치한 후 접수 및 취소, 환불서비스를 이용하시기 바랍니다.

공조냉동기계기능사 실기
10일만에 합격하기

하루 소요 공부예정시간
대략 평균 4시간

📝 모아 공조냉동기계기능사 **실기**

DAY 1	OT 및 커리큘럼 CHAPTER 01 ~ 05	🖊 **학습 Comment** 공조냉동기계기능사 실기 필답형 예상문제와 최신복원문제를 풀어보기 전 필기 때 배웠던 개념들을 다시 정리하는 시간을 가져봅시다. 필기 때 공부를 확실하게 하셨더라도 다시 한 번 복습하는 시간을 가진다면 실기 준비 시 좀 더 수월하게 풀어낼 수 있을 겁니다.
DAY 2	CHAPTER 06 ~ 10	
DAY 3	CHAPTER 11 ~ 17	
DAY 4	필답형 예상문제 (선도)	🖊 **학습 Comment** 공조냉동기계기능사 실기시험이 필답형으로 바뀐 후 매 회차 출제되는 부분이니 꼼꼼하게 학습해주시기 바랍니다.
DAY 5	필답형 예상문제 (시퀀스)	🖊 **학습 Comment** 선도와 마찬가지로, 공조냉동기계기능사 실기시험이 필답형으로 바뀐 후 높은 배점으로 매 회차 출제되고 있으니 완벽하게 이해해주시기 바랍니다.
DAY 6	필답형 예상문제 (주관식 문제 01)	🖊 **학습 Comment** 시험에 출제될 가능성이 있는 계산문제를 모아놓은 부분이며 너무 난이도가 높은 문제들은 배제하였으니 반드시 한 번씩은 풀어주시기 바랍니다.
DAY 7	필답형 예상문제 (주관식 문제 02)	
DAY 8	필답형 예상문제 (부속품, 공구, 설비 01)	🖊 **학습 Comment** 각각의 부속품, 공구, 설비들의 명칭과 목적을 반드시 숙지해주시기 바랍니다. 공조냉동기계기능사 실기시험이 필답형으로 바뀌었다고 해서 과거의 동영상문제가 출제되지 않는 것이 아니라, 해당 동영상으로 출제되었던 문제가 사진으로 출제되고 있으니 확실히 학습해주시기 바랍니다.
DAY 9	필답형 예상문제 (부속품, 공구, 설비 02)	
DAY 10	필답형 최신 복원문제 2023년 3회, 4회	🖊 **학습 Comment** 공조냉동기계기능사 실기 필답형 최신복원문제를 풀어봄으로써 완벽하게 실기준비를 마칠 수 있기 바랍니다.

공조냉동기계기능사 실기
3주만에 합격하기

하루 소요 공부예정시간 대략 평균 2시간

📝 모아 공조냉동기계기능사 **실기**

DAY 1	OT 및 커리큘럼 CHAPTER 01 ~ 03	**🖊 학습 Comment** 공조냉동기계기능사 실기 필답형 예상문제와 최신복원문제를 풀어보기 전 필기 때 배웠던 개념들을 다시 정리하는 시간을 가져봅시다. 필기 때 공부를 확실하게 하셨더라도 다시 한 번 복습하는 시간을 가진다면 실기 준비 시 좀 더 수월하게 풀어낼 수 있을 겁니다.
DAY 2	CHAPTER 04 ~ 05	
DAY 3	CHAPTER 06 ~ 08	
DAY 4	CHAPTER 09 ~ 10	
DAY 5	CHAPTER 11 ~ 15	**🖊 학습 Comment** 공조냉동기계기능사 실기시험이 필답형으로 바뀐 후 매 회차 출제되는 부분이니 꼼꼼하게 학습해주시기 바랍니다.
DAY 6	CHAPTER 16 ~ 17	
DAY 7	필답형 예상문제 (선도 01)	**🖊 학습 Comment** 선도와 마찬가지로, 공조냉동기계기능사 실기시험이 필답형으로 바뀐 후 높은 배점으로 매 회차 출제되고 있으니 완벽하게 이해해주시기 바랍니다.
DAY 8	필답형 예상문제 (선도 02)	
DAY 9	필답형 예상문제 (시퀀스 01)	**🖊 학습 Comment** 시험에 출제될 가능성이 있는 계산문제를 모아놓은 부분이며 너무 난이도가 높은 문제들은 배제하였으니 반드시 한 번씩은 풀어주시기 바랍니다.
DAY 10	필답형 예상문제 (시퀀스 02)	
DAY 11	필답형 예상문제 (주관식 문제 01)	
DAY 12	필답형 예상문제 (주관식 문제 02)	
DAY 13	필답형 예상문제 (주관식 문제 03)	**🖊 학습 Comment** 각각의 부속품, 공구, 설비들의 명칭과 목적을 반드시 숙지해주시기 바랍니다. 공조냉동기계기능사 실기시험이 필답형으로 바뀌었다고 해서 과거의 동영상문제가 출제되지 않는 것이 아니라, 해당 동영상으로 출제되었던 문제가 사진으로 출제되고 있으니 확실히 학습해주시기 바랍니다.
DAY 14	필답형 예상문제 (주관식 문제 04)	
DAY 15	필답형 예상문제 (부속품, 공구, 설비 01)	
DAY 16	필답형 예상문제 (부속품, 공구, 설비 02)	
DAY 17	필답형 예상문제 (부속품, 공구, 설비 03)	**🖊 학습 Comment** 공조냉동기계기능사 실기 필답형 최신복원문제를 풀어봄으로써 완벽하게 실기준비를 마칠 수 있기 바랍니다.
DAY 18	필답형 예상문제 (부속품, 공구, 설비 04)	
DAY 19	필답형 최신 복원문제 2023년 3회	
DAY 20	필답형 최신 복원문제 2023년 4회	

참 잘 만들어서 참 공부하기 쉬운
모아 공조냉동기계기능사 실기

이 책의 특징 살짝 엿보기

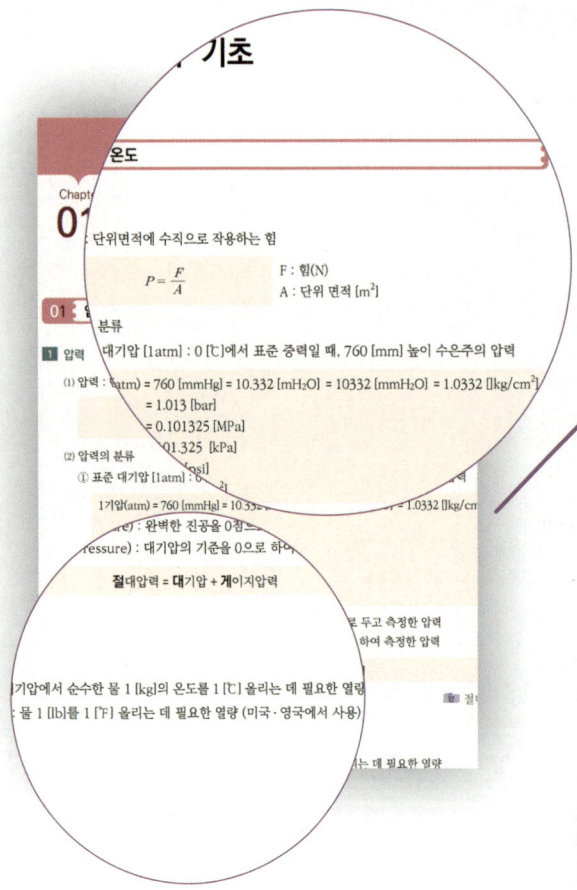

**간결해서 쉽고 빠르게
읽고 이해할 수 있다!**

이것저것 교재에 담아내기보다
최대한 간결하고 빠르게 이해
할 수 있도록 정리했습니다.

**해설이 풍부해서 충분히
문제를 해결할 수 있다.**

문제풀이는 또 하나의 중요한 학습과정이기에
해설을 풍부하게 수록함으로써
문제 하나하나의 가치를 높였습니다.

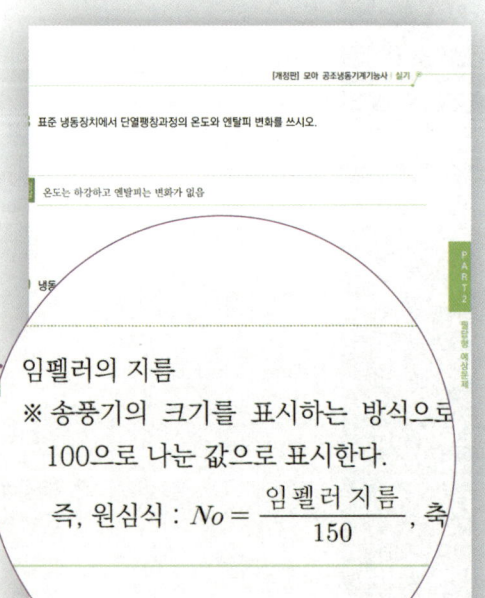

다양한 그림을 부족함 없이 수록하여
더욱 쉽게 이해할 수 있다.

텍스트만으로 설명하기 어려운
부분을 그림으로 **표현**하여
쉽게 이해할 수 있습니다.

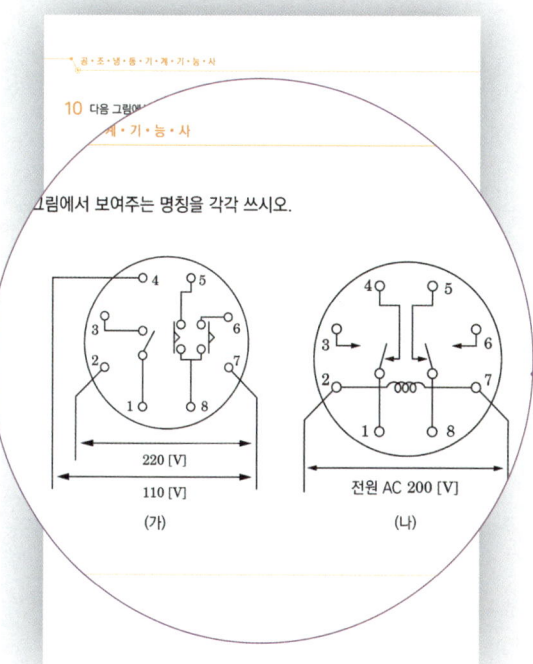

최신 경향을 반영한
필답형 최신 복원문제

필답형 최신 복원문제를 통해
최신 경향을 파악하고
**시험에서 실제로 나올 가능성이 있는
문제들에 대응**할 수 있습니다.

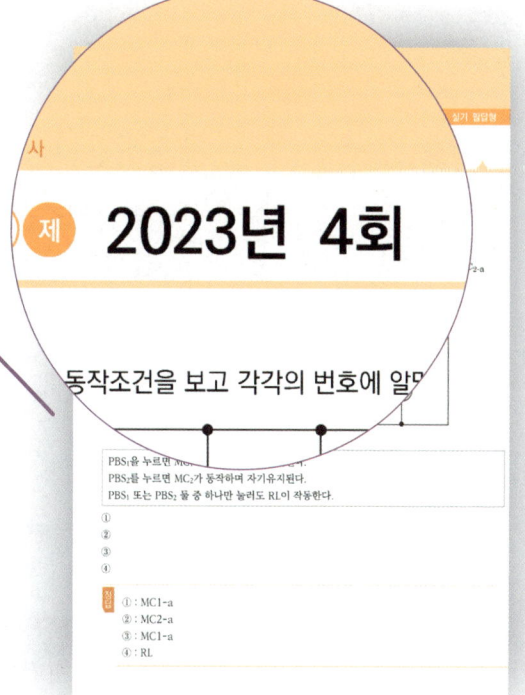

2024 모아 공조냉동기계 시리즈

**합격으로 가는 지름길
빵꾸노트**

개정판

필답형
대비

모아
공조냉동기계
기능사 실기

모아합격전략연구소

목차

PART 01 핵심이론

Chapter 01	열역학 기초	14
Chapter 02	냉매	19
Chapter 03	냉동사이클	29
Chapter 04	냉동장치	37
Chapter 05	냉동장치 구조	38
Chapter 06	냉동장치 응용	50
Chapter 07	공기조화	53
Chapter 08	펌프	67
Chapter 09	보일러 설비 설치	70
Chapter 10	습공기선도	80
Chapter 11	덕트	84
Chapter 12	배관재료 및 공작	88
Chapter 13	공기조화방식	105
Chapter 14	배관 도시기호	111
Chapter 15	방음, 방진, 내진	113
Chapter 16	원가, 설계, 에너지관리	115
Chapter 17	전기 기초	118

PART 02
필답형 예상문제

- 선도 ··· 124
- 시퀀스 ··· 132
- 주관식 문제 ··· 149
- 부속품, 공구, 설비 ···························· 181

PART 03
필답형 최신 복원문제

- 2023년 3회 ··· 224
- 2023년 4회 ··· 231

모아바 www.moa-ba.com
모아소방전기학원 www.moate.co.kr

공·조·냉·동·기·계·기·능·사

Part 01

핵심이론

Chapter 01 열역학 기초

01 압력과 온도

1 압력

(1) 압력 : 단위면적에 수직으로 작용하는 힘

$$P = \frac{F}{A}$$

F : 힘(N)
A : 단위 면적 [m²]

(2) 압력의 분류

① 표준 대기압 [1atm] : 0 [℃]에서 표준 중력일 때, 760 [mm] 높이 수은주의 압력

1기압(atm) = 760 [mmHg] = 10.332 [mH$_2$O] = 10332 [mmH$_2$O] = 1.0332 [kg/cm²]
= 1.013 [bar]
= 0.101325 [MPa]
= 101.325 [kPa]
= 14.7 [psi]
= 14.7 [lb/in²]

② 절대압력(Absolute Pressure) : 완벽한 진공을 0점으로 두고 측정한 압력
③ 게이지압력(Gauge Pressure) : 대기압의 기준을 0으로 하여 측정한 압력

절대압력 = **대**기압 + **게**이지압력

암 절대게

2 열량

(1) 1 [kcal] : 대기압에서 순수한 물 1 [kg]의 온도를 1 [℃] 올리는 데 필요한 열량
① 1 [BTU] : 물 1 [lb]를 1 [℉] 올리는 데 필요한 열량 (미국·영국에서 사용)

② 1 [CHU] : 물 1 [lb]를 1 [°C] 올리는 데 필요한 열량

(2) **열용량** : 어떤 물질의 온도를 1 [°C] 올리는 데 필요한 열량

(3) **비열** [kJ/kg·°C] : 어떤 물질 1 [kg]의 온도를 1 [°C] 올리는 데 필요한 열량
① 정압비열(C_P) : 일정한 압력의 기체를 측정한 비열
② 정적비열(C_V) : 일정한 체적의 기체를 측정한 비열
③ 비열비(K) : 기체에 적용되며 정적비열에 대한 정압비열의 비로 1보다 크다.

$$비열비 : K = \frac{C_P}{C_V} > 1$$

(4) **현열** : **온**도변화만 일으키는 열(상태변화 없음)

(5) **잠열** : **상**태변화만 일으키는 열(온도변화 없음)
① 얼음의 융해 잠열 : 79.68 [kcal/kg] = 333 [kJ/kg]
② 물의 증발 잠열 : 539 [kcal/kg] = 2,253 [kJ/kg]

암 현온잠상

(6) 열량 계산 방식
① 현열 구간일 때
$Q = G \times C \times \triangle T$
Q : 열량(현열) (kcal)
G : 물체의 중량(kg)
C : 비열(kcal/kg·°C) ⇒ 얼음 0.5, 물 1
$\triangle T$: 온도차(°C)
② 잠열 구간일 때
$Q = G \times r$
Q : 열량(잠열) (kcal)
G : 물체의 중량(kg)
r : 잠열량(kcal/kg) ⇒ 물의 증발잠열 539 [kcal/kg] = 2253 [kJ/kg]
   얼음의 융해잠열 79.68 [kcal/kg] = 333 [kJ/kg]

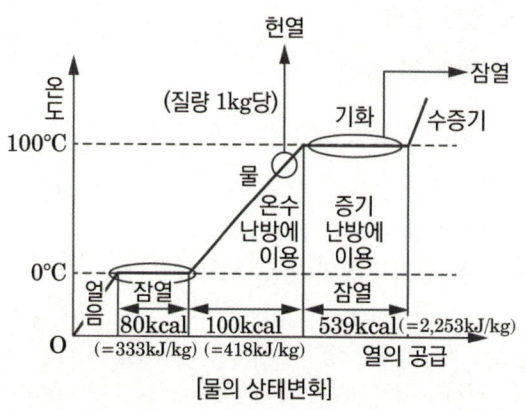
[물의 상태변화]

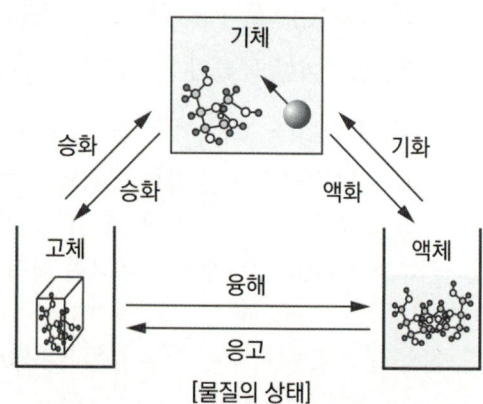
[물질의 상태]

3 증기

(1) 포화 : 어느 일정 압력에서 공기가 더 이상 습증기를 포함할 수 없는 상태

(2) 건포화증기 : 수분이 없는 건조된 증기(건조도 1)

(3) 습포화증기 : 증기 속에 수분이 존재하는 증기(건조도 1 이하)

(4) 건조도 : 습증기가 포함하고 있는 기체의 비율

(5) 과열증기 : 습포화 증기를 건포화 증기로 만든 후 그 당시의 증기압력상태에서 온도만 증가시킨 증기

(6) 과열도 : 과열증기 온도와 건포화 증기 온도의 차

4 비중량, 밀도

(1) 동력 : 단위 시간당 일의 양

① 1 [PS] = 75 [kg·m/s] = 632 [kcal/h] = 2641.76 [kJ/kg]

② 1 [kW] = 102 [kg·m/s] = 860 [kcal/h] = 3595 [kJ/kg]

③ 1 [HP] = 76 [kg·m/s] = 641 [kcal/h] = 2679.4 [kJ/kg]

(2) 비중량 : 단위 체적당 중량

• 물의 비중량 : 1000 [kg/m³]

(3) 밀도 : 단위 체적당 질량

• $\rho = \dfrac{m}{V}$

(4) 비체적과 비중

① 비체적 : 단위 질량당 체적

- $v = \dfrac{V}{m} = \dfrac{1}{\rho}$

② 비중 : 단위 중량당 체적

- $v = \dfrac{V}{W} = \dfrac{1}{\gamma}$

02 가스 기본법칙

1 열역학법칙

(1) 제0법칙 : 물체의 고온과 저온에서 마침내 열평형을 이룬다.

(2) 제1법칙 : 일은 열로, 열은 일로 교환할 수 있다.

① 일의 열당량(일을 할 때 발생되는 열의 양) A = 1/427 [kcal/kg·m]

② 열의 일당량(열량이 있을 때 이 열량으로 할 수 있는 일의 양) J = 427 [kg·m/kcal]

(3) 제2법칙 : 자연계는 비가역적인 변화가 일어난다.

자연계에 아무런 변화도 남기지 않고 열은 저온에서 고온으로 이동하지 않는다.

즉, 성적계수가 무한대인 냉동기의 제작은 불가능하다.

(4) 제3법칙 : 절대온도 0도에 이르게 할 수 없다.

2 이상기체법칙

(1) **보일**법칙 : 일정**온**도에서 압력과 부피는 서로 반비례한다.

$$P_1 V_1 = P_2 V_2$$

P_1 : 변하기 전 압력, P_2 : 변한 후의 압력
V_1 : 변하기 전 부피, V_2 : 변한 후의 부피

(2) **샤를법칙** : 일정 **압**력에서 부피는 절대온도에 서로 비례한다.

$$\frac{V_1}{T_1} = \frac{V_2}{T_2}$$

T_1 : 변하기 전 온도, T_2 : 변한 후의 온도
V_1 : 변하기 전 부피, V_2 : 변한 후의 부피

🔑 보온샤압

(3) 보일-샤를의 법칙 : 기체의 부피와 압력은 서로 반비례하고 절대온도에 정비례한다.

$$\frac{P_1 V_1}{T_1} = \frac{P_2 V_2}{T_2}$$

(4) 기체상수 R 단위 : kcal/kmol · K

(5) 실제기체 중 온도가 높고 낮은 압력에서 이상기체에 가까운 행동을 한다.

03 냉동방법

1 자연적 냉동방법

(1) 얼음의 융해잠열을 이용하는 방법

(2) 승화열을 이용하는 방법

(3) 증발열을 이용하는 방법

(4) 기한제를 이용하는 방법이 있다.

2 기계적 냉동방법

(1) 증기압축식 냉동기(압축기, 응축기, 팽창 밸브, 증발기)

(2) 흡수식 냉동기(흡수기, 발생기, 응축기, 팽창 밸브, 증발기)
  • 흡수식 냉동기에서의 냉매와 흡수제

냉매	흡수제
물(H_2O)	LiBr, LiCl
암모니아(NH_3)	물(H_2O)

Chapter 02 냉매

01 냉매 개요

1 냉매

냉동사이클 내를 순환하는 동작유체로, 냉동 공간 또는 냉동 물질로부터 열을 흡수하여 다른 공간 혹은 다른 물질로 열을 운반하는 작동유체

(1) 무기 화합물 : NH_3, CO_2, H_2O

(2) 탄화수소 : CH_4, C_3H_8, C_2H_6

(3) 할로겐화 탄화수소 : 프레온

(4) 공비 혼합물 : R500, R501, R502 등

2 냉매 구비조건

(1) 물리적
① 저온에서도 높은 포화압력을 가지고 상온에서 응축액화가 잘될 것
② 응고온도가 낮을 것
③ 임계온도가 높을 것
④ 윤활유, 수분 등과 작용하여 냉동작용에 영향을 미치는 일이 없을 것
⑤ 증발잠열이 크고 액체비열이 작을 것
⑥ 점도와 표면장력이 작을 것
⑦ 누설 발견이 쉬울 것
⑧ 전열작용이 양호할 것
⑨ 비열비가 작을 것
⑩ 터보 냉동기용 냉매는 가스 비중이 클 것
⑪ 전기적 절연내력이 크고 전기절연물질을 침식시키기 않을 것

(2) 화학적
　① 인화, 폭발성이 없을 것
　② 금속을 부식시키지 않을 것
　③ 화학적으로 안정될 것

(3) 경제적
　① 가격이 저렴할 것
　② 자동운전이 용이할 것
　③ 동일 냉동능력에 대해 소요동력이 적게 들 것

(4) 생물학적
　① 인체에 무해할 것
　② 악취가 없을 것
　③ 냉장품에 닿아도 냉장품을 손상시키지 않을 것

3 냉매 종류

(1) 1차 냉매(직접 냉매) : 냉동사이클 내를 순환하는 동작유체로, 잠열에 의해 열을 운반하는 냉매
　• 암모니아(NH_3)와 프레온 등

(2) 2차 냉매(간접 냉매) : $NaCl$, $CaCl_2$, $MgCl_2$ 등을 말하며, 제빙장치의 브라인, 공조장치의 냉수 등에 해당
　• 감열에 의해 열을 운반

4 암모니아(NH_3) 냉매 특성

(1) 암모니아
　① 가연성, 폭발성, 독성이며 악취가 있음
　② 냉동효과가 커서 다른 냉매보다 냉매 순환량이 적어도 되기 때문에 배관이 가늘어도 됨
　③ 비열비가 냉매 중 제일 큼
　④ 열저항이 작고 전열효과는 냉매 중에서 가장 큼

(2) 금속에 대한 부식성
　① 동 및 동합금을 부식시키기 때문에 동관을 사용하지 않음
　② 수은과 폭발적으로 화합함

③ 패킹재료는 천연고무나 아스베스토스를 사용
④ 에보나이트, 베이클라이트를 침식시킴
⑤ 수분이 있으면 아연을 침식시킴

(3) 전기적 성질 : 절연물질을 약화시키기 때문에 밀폐식 냉동기에 부적합

(4) 연소성 및 폭발성 : 공기중에서 15 ~ 28 [%] 혼입되면 폭발의 위험성이 있음

(5) 독성 : 독성이 강함

(6) 윤활유
① 윤활유에 잘 융해되지 않음
② 수분이 존재하면 에멀션 현상이 일어나 유분리기에서 오일이 분리되지 않고 장치 내로 넘어가서 고임
③ 윤활유는 정기적으로 보충

(7) 수분
① 수분이 침투되면 금속의 부식을 촉진시킴
② 수분과 잘 용해하며, 냉동장치 내 수분이 1 [%] 혼합 시 증발온도가 1/2 [℃] 상승

5 프레온 냉매 특성

(1) 구성 : 탄화수소와 할로겐 원소의 화합물
① R-○○ : 메탄계 탄화수소(R-10 ~ R-50)
  ㉠ R-12 : CCl_2F_2
  ㉡ R-22 : $CHClF_2$
② R-○○○ : 에탄계 탄화수소(R-110 ~ R-170)
  ㉠ R-113 : $C_2Cl_3F_3$
  ㉡ R-123 : $C_2HCl_2F_3$

(2) 호칭법
① 10자리 : 메탄계, 100자리 : 에탄계
② 10자리수 -1 : H의 수
③ 1자리수 : F의 수
④ 6-(H+F) : Cl의 수

(3) 물리적 & 열역학적 특성
　① 비등점 범위가 넓음
　② 전열이 불량하기 때문에 전열면적을 넓혀주기 위해 핀 튜브 사용
　③ 오일과 용해
　④ 수분의 용해도는 극히 작음
　⑤ 절연내력이 크고 전기 절연물을 침식하지 않으므로 밀폐형 냉동기에 사용 가능

(4) 화학적 특성
　① 열에 대해 안정
　② 불연성이며 비폭발성
　③ 독성이 없음
　④ 염소가 많은 것은 에테르 냄새가 남
　⑤ 강이 촉매로 존재하면 가수분해가 일어나 산을 생성하여 금속을 부식시킴
　⑥ 마그네슘을 2 [%] 이상 함유하는 알루미늄합금을 부식
　⑦ 강, 주물, 동, 아연, 주석, 알루미늄 및 이들의 합금 기계구성용 금속재료의 자유로운 선택

(5) 현재 일반적으로 사용 중인 프레온
　① R-11(CCl_3F), R-12(CCl_2F_2)
　② R-13($CClF_3$), R-21($CHCl_2F$)
　③ R-22($CHClF_2$), R-113($C_2Cl_3F_3$)
　④ R-114($C_2Cl_2F_4$)

(6) 혼합냉매 : 2종의 냉매 혼합 시 그 혼합 비율이 특정 비율이 아니면 액상, 기상의 혼합 비율이 다르게 되고 냉동장치 중에도 2종의 냉매 각각의 특성을 가짐
　① 공비 혼합냉매 : 2종의 냉매를 어떤 특정 비율로 혼합하면 각각 냉매의 특성과는 다른 단일냉매의 특성을 나타내게 되며, 액상 혹은 기상에서의 혼합비율이 같은 것
　② R-500(혼합 비율은 중량단위로 표시)
　　㉠ R-12 : 73.8 [%]
　　㉡ R-152 : 26.2 [%]
　③ R-501
　　㉠ R-12 : 25 [%]
　　㉡ R-22 : 75 [%]

④ R-502
　㉠ R-22 : 50 [%]
　㉡ R-115 : 50 [%]

(7) 냉매 장치에 대한 영향

① 에멀션 현상 : 암모니아 냉동장치에서 장치 내 수분이 침투하면 암모니아와 반응하여 암모니아수가 생성되며, 이 암모니아수는 오일의 입자를 미립자로 분리시키고 <u>오일의 빛이 우윳빛으로 변하는 현상</u>

② 동부착 현상 : 프레온 냉동장치에서 수분과 프레온이 작용하여 산이 생성되고 침입한 공기 중의 산소와 화합하여 동에 반응한 다음 압축기 각 부분의 금속표면에 동이 도금되는 현상

　㉠ R-12보다 R-22에서 잘 일어나며, R-22보다 염화메틸에서 더 잘 일어난다.
　㉡ 장치 내 수분이 많을 때 수소원자가 많은 냉매일수록, 왁스 성분이 많은 오일을 사용할 때 온도가 높은 부분일수록 잘 일어난다.

③ 오일 포밍 현상 : 프레온 냉동기에서 압축기 정지 시 크랭크 케이스 내의 오일 중에 용해되어 있던 프레온 냉매가 압축기 기동 시 크랭크 케이스 내의 압력이 급격히 낮아져 오일과 냉매가 급격히 분리하는데, 이 때문에 유면이 약동하여 <u>윤활유에 거품이 일어나는 현상</u>

　㉠ 오일 해머링 : 냉동장치에서 오일 포밍 현상이 일어나면 실린더 내부로 다량의 오일이 올라가 오일을 압축하여 실린더 헤드부에서 이상음이 발생되는 현상이다.
　㉡ 오일 포밍 방지
　　크랭크 케이스 내에 오일 히터를 설치하여 기동 30분 ~ 2시간 전에 예열하여 오일과 냉매를 분리시킨 뒤 압축기를 기동해야 한다.

02 냉동 누설검지법

1 암모니아 누설검지

(1) 냄새로 확인

(2) 리트머스 시험지로 확인(적색 리트머스 시험지가 청색으로 변함)

(3) 유황초에 불을 붙여 누설개소에 대면 백색 연기 발생

(4) 물 또는 브라인에 암모니아가 누설될 때 물이나 브라인을 조금 떠서 네슬러시약 용액을 투입하면 소량 누설 시 황색, 다량 누설 시 자색으로 변함

(5) 페놀프탈렌 시험지를 물에 적셔 누설 개소에 대면 홍색으로 변함

2 프레온 누설검지

(1) 비눗물로 확인(비눗물로 누설 부위의 기포 발생 유무 확인)

(2) 헬라이드 토치 사용
   ① 누설이 없을 때 : 청색
   ② 소량 누설 시 : 녹색
   ③ 다량 누설 시 : 자색
   ④ 극심할 때 : 꺼짐

03 브라인 터보 냉동기

1 브라인 터보 냉동기

(1) 저압부의 안전장치로 이상 고압 시 작동하여 냉매 분출

(2) 냉동시스템 외를 순환하면서 간접적으로 열을 운반하는 매개체 감열(현열)에 의해 열을 운반시키기 때문에 다량의 브라인이 필요

(3) 배관의 부식 및 동결에 유의

(4) $NaCl$, $CaCl_2$, $MgCl_2$

2 브라인 구비조건

(1) 부식성이 없을 것

(2) 열용량이 클 것

(3) 응고점이 낮을 것

(4) 점성이 작을 것

(5) 누설되어도 냉장품에 손상이 없을 것

(6) 가격이 저렴할 것

3 브라인 종류

(1) 무기질 브라인 : 탄소(C)를 포함하지 않고 금속의 부식력이 크며, 가격이 저렴
- $NaCl$, $CaCl_2$, $MgCl_2$

① 염화나트륨($NaCl$) 수용액
  ㉠ 주로 식품 냉동에 사용
  ㉡ 가격이 저렴
  ㉢ 공정점 : -21 [℃]
  ㉣ 비중 : 1.15 ~ 1.18
  ㉤ 부식력이 브라인 중 가장 큼

② 염화칼슘($CaCl_2$) 수용액
  ㉠ 공업용으로 사용(제빙용으로 사용)
  ㉡ 공정점 : -55 [℃]
  ㉢ 비중 : 1.2 ~ 1.24
  ㉣ 흡습성이 강하고 누설되어 식품에 닿으면 떫은맛이 나기 때문에 식품 저장용으로는 사용하지 않음

③ 염화마그네슘($MgCl_2$) 수용액
  ㉠ 현재 거의 사용되지 않음
  ㉡ 공정점 : - 33.6 [℃]
    ※ 공정점 : 두 물질을 용해시키면 농도가 짙어질수록 응고온도가 낮아지는데, 어느 일정한 농도 이상이 되면 다시 응고온도가 높아진다. 이때 응고하는 최저온도를 뜻한다.
    ※ 부식성 : $NaCl$ > $MgCl_2$ > $CaCl_2$

(2) 유기질 브라인
  ① 탄소를 포함한 브라인
  ② 가격이 비쌈

③ 부식력이 작음
　㉠ 에틸렌글리콜 : 부식성이 무기질 브라인보다 작으며 소형 기계에 사용
　㉡ 메틸렌클로라이드, R-11 : 초저온에 사용
　㉢ 프로필렌글리콜 : 부식성이 작고 독성이 없으며 냉동식품 동결용으로 사용

(3) 브라인 금속 부식성
① 배관은 모두 금속이므로 약알칼리성이 약산성보다 좋음(금속은 산에 약함)
② 브라인은 대개 pH 7.5 ~ 8.2로 유지
③ 중성은 부식성이 작으나 산성·알칼리성으로 갈수록 부식성이 증가
④ 암모니아가 브라인 중에 누설되면 알칼리성이 강해져 국부적으로 부식이 일어남
⑤ 브라인이 공기와 접촉 시 부식력이 커짐

(4) 브라인 동파 방지대책
① 부동액 첨가
② 동파방지용 온도조절기 설치
③ 증발압력조정 밸브 설치
④ 순환펌프와 압축기 모터를 인터록 시킴
⑤ 단수릴레이 설치
　(단수릴레이 : 냉동기의 냉각수 또는 냉수의 통수량이 감소했을 경우 냉동기 운전을 중지하는 보안릴레이)

04 냉동기유

1 윤활유 구비조건

(1) 응고점이 낮고 인화점이 높을 것

(2) 점도가 알맞고 변질되지 않을 것

(3) 윤활유 소비량이 적을 것

(4) 장기 휴지 중 방청능력이 있을 것

(5) 수분이 포함되지 않으며 불순물이 없고 전기적인 절연내력이 클 것

(6) 저온에서 왁스 분리가 되지 않으며 냉매가스 흡수가 적을 것

2 윤활유 사용목적

(1) 마모 방지

(2) 기계적 효율 향상과 소손 방지

(3) 유막 형성으로 냉매가스 누설 방지

(4) 냉각작용으로 패킹재료를 보호

3 윤활유 열화

오일을 장기간 운전하면 산화되어 색깔이 붉게 되는데, 이는 유중에 유기산 중합물, 에스테르 및 금속이 부식되어 유중에 섞여 흐려지게 되는 현상

4 윤활 방식

(1) 비말 급유식(소형) : 피스톤 행정이 짧은 소형에서 사용하는 방법
  ① 크랭크샤프트의 밸런스웨이트 또는 오일스크레이퍼를 설치하여 회전 시 오일을 튀겨 올려줌으로써 급유하는 방식
  ② 오일 충전량을 정확하게 해야 하는 단점이 있음

(2) 강세 급유식(대형) : 기어펌프에서 오일을 압축하여 얻은 압력으로 급유시키는 방법
  • 외기어와 내기어식이 있음

5 유압

유압계 지시압력 = 유압(기어펌프에서의 유압) + 저압

(1) 입형저속 = 저압 + 0.5 ~ 1.5 $[kg/cm^2]$

(2) 고속다기통 = 저압 + 1.5 ~ 3 $[kg/cm^2]$

(3) 터보냉동기 = 저압 + 6 ~ 7 $[kg/cm^2]$

(4) 소형 냉동기 = 저압 + 0.5 $[kg/cm^2]$

6 유압 상승 원인

(1) 유압계 불량

(2) 오일 과충전

(3) 유순환 회로가 막혔을 때

(4) 유압조정 밸브 불량

(5) 유온이 낮을 경우

7 유압 저하 원인

(1) 유압계 불량

(2) 오일 중 냉매 혼입

(3) 유온이 높을 경우

(4) 유여과망이 막혔을 경우

(5) 유배관에서의 누설

(6) 유압조정 밸브 불량

(7) 기어펌프 고장

Chapter 03 냉동사이클

01 개요

1 사이클

(1) **사이클** : 열기관이나 냉동기 등에서 어느 물질이 한 일점에서 시작하여 몇 개의 변화를 연속적으로 이루면서 원점으로 다시 오는데 이와 같이 동작이 같은 변화를 반복하는 것

(2) **카르노사이클** : 2개의 등온저장조 사이에 작동하는 사이클 중에서 모든 과정이 가역이라고 가정한 사이클로, 카르노사이클을 능가하는 효율을 가진 열기관은 존재할 수 없음

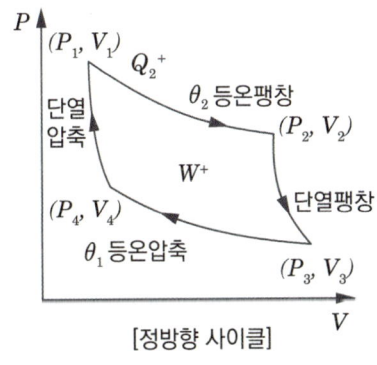

[정방향 사이클]

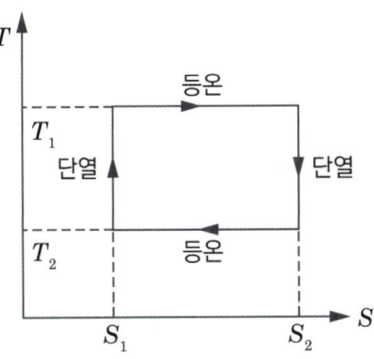

- 기체를 등온팽창(1 → 2) → 단열팽창(2 → 3) → 등온압축(3 → 4) → 단열압축(4 → 1)순서로 변화시켜 처음의 상태로 복귀시키는 열역학적 사이클

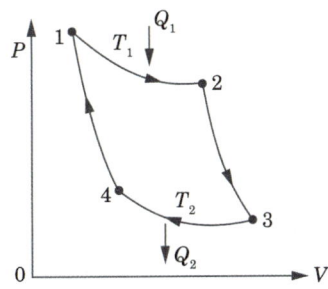

(3) 역카르노사이클(냉동사이클) : 카르노사이클이 역으로 순환하는 사이클을 역카르노사이클이라고 하며, 냉동기 또는 열펌프의 이상적인 사이클로 단열과정 2개와 등온과정 2개로 구성되어 있음

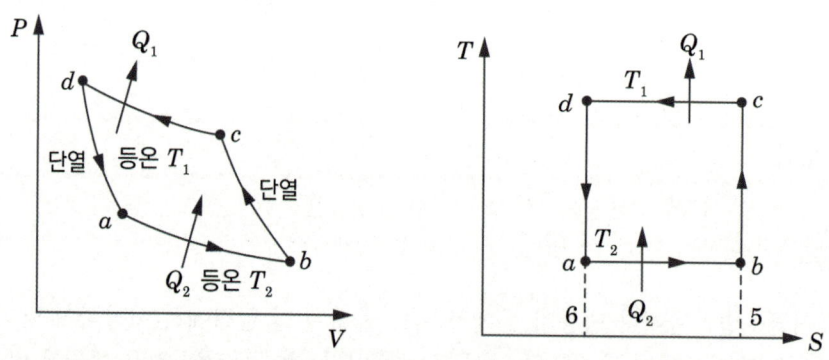

• 냉동작용을 위해 냉매의 상태변화를 유발하는 사이클

02 성적계수

1 성적계수(COP : Coefficient Of Preformance)

냉동기의 효율을 표시하는 척도로 냉동능력 Q_2와 소요일량 A_w와의 비가 사용되는데 이 비를 냉동기의 성적계수라고 한다.

2 역카르노사이클 이론 성적계수

$$COP = \frac{Q_2}{A_w} = \frac{증발열량}{압축일의 열량} = \frac{Q_2}{Q_1 - Q_2} = \frac{T_2}{T_1 - T_2}$$

T_1 : 응축 절대온도

T_2 : 증발 절대온도

Q_1 : 응축부하

Q_2 : 증발부하

3 실제적 성적계수

$$\epsilon_0 = \frac{냉동능력(kcal/h)}{압축소요마력 \times 632(kcal/h)} = \epsilon \times \eta_c \times \eta_m$$

$$압축효율(\eta_c) = \frac{기본적 마력}{실제적 마력}$$

$$기계효율(\eta_m) = \frac{실제적 마력}{운전소요 마력}$$

4 열 펌프의 성적계수

$$\epsilon = \frac{q_1}{A_w} = \frac{고온체에 공급한 열량}{공급일} = \frac{T_1}{T_1 - T_2}$$

(1) 열 펌프 : 열이 자연적으로 흘러가는 방향의 반대 방향으로 열을 흐르게 하는 장치나 기계로, 냉장고, 에어컨, 난방기, 냉동기 등이 해당됨

(2) 열기관의 열효율(η) : $\eta < 1$

(3) 냉동기, 열펌프의 성적계수는 항상 1보다 크며, 성적계수는 큰 것이 좋음

03 냉동능력

1 냉동능력

(1) 냉동기 냉동능력은 냉동톤으로 표시하며, 1냉동톤(1 [RT])이란 0 [℃] 물 1 [ton]을 24시간 동안에 0 [℃] 얼음으로 만드는 능력을 말함

$$1\,[RT] = \frac{79.68 \times 1,000}{24} = 3,320\,[kcal/hr] = 13,944\,[kJ/hr]$$

(2) 냉동능력 Q = G × q(G : 냉매 순환량, q : 냉동효과)

2 냉동효과

냉매 1 [kg]이 증발기에서 흡수하는 열량을 말함

3 체적냉동효과

압축기 입구에서의 증기 1 [m³]의 흡열량

4 냉동능력

냉동기의 증발기에서 단위시간당 제거하는 열량

5 냉동톤

(1) 1 [RT]와 1 [USRT]로 구분한다.

(2) 1 [RT]는 0 [℃] 물 1톤을 24시간에 0 [℃] 얼음으로 만들 때 제거해야 할 기본적인 열량으로 3320 [kcal/hr]이다.

(3) 1 [USRT]는 미국 냉동톤 32 [℉]의 순수한 물 1 [ton]을 24시간 동안에 32 [℉]의 얼음으로 만드는 데 필요한 능력으로 3024 [kcal/hr]이다.

6 제빙톤

1일의 얼음 생산능력을 ton으로 나타낸 것

(1) 1제빙톤 : 1.65 [RT]

(2) 결빙시간 : $\dfrac{0.56 \times t^2}{-t_b}$

t : 얼음의 두께(cm)

t_b : 브라인의 온도

04 몰리에르 선도(Mollier Diagram)

1 몰리에르 선도

냉동에서는 모든 이론적 계산에 P-h 선도가 일반적으로 사용되면 세로축에 절대압력, 가로축은 엔탈피를 잡아 이들의 관계를 선도로 나타낸 것이며 이때 P-h 선도를 냉동 몰리에르 선도라고 한다.

2 몰리에르 선도 6대 구성 요소

(1) 등압선(P : $kg/cm^2 abs$)
   ① 횡축과 나란하며 절대압력이 대수 눈금으로 표시되어 있음
   ② 한 선상의 압력은 과랭, 습증기, 과열증기 구역이 모두 동일
   ③ 증발 및 응축압력을 알 수 있음
   ④ 압축비를 구할 수 있음

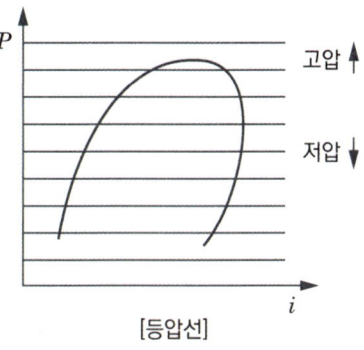
[등압선]

(2) 등엔탈피선(i : kcal/kg, kJ/kg)
   ① 종축과 평행하며 횡축에 취한 눈금으로 표시되어 있음
   ② 이 선상의 엔탈피는 같음
   ③ 냉동효과, 응축방열량, 소요동력의 계산이 가능
   ④ 0 [℃] 포화액의 엔탈피는 100 [kcal/kg], 0 [℃] 건조공기의 엔탈피는 0으로 함
   ⑤ 팽창기 : 엔탈피 불변

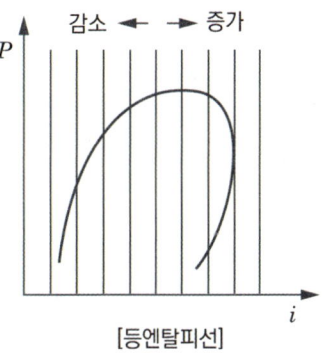
[등엔탈피선]

(3) 등온선(t : ℃)
   ① 과랭액 구역에서는 등엔탈피선과 평행
   ② 습증기 구역에서는 등압선과 평행
   ③ 과열증기 구역에서는 급경사로 내려옴
   ④ 증발온도, 응축온도, 흡입가스온도, 토출가스온도를 알 수 있음

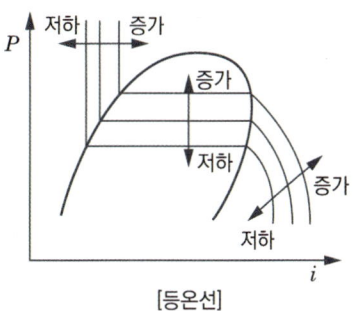
[등온선]

(4) 등엔트로피선(S : kcal/kg · °C, kJ/kg · K)
  ① 습증기 구역과 과열증기 구역만 존재
  ② 압축과정은 이론상 단열압축으로 간주하므로 등엔트로피선을 따라 진행
  ③ 엔트로피가 같은 점을 이은 선으로 왼쪽 아래에서 급경사를 이루면서 상향한 곡선
  ④ 압축기 : 엔트로피 불변

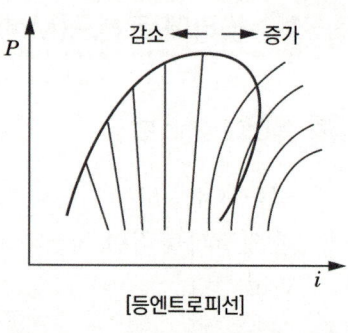
[등엔트로피선]

(5) 등건조도선(x)
  ① 포화액선과 포화증기선 사이(습포화 증기구역)를 10등분하여 표시
  ② 포화액의 건조도는 0이며 건조포화 증기의 건조도는 1
  ③ 냉매 1 [kg]이 포함하고 있는 증기량을 알 수 있음

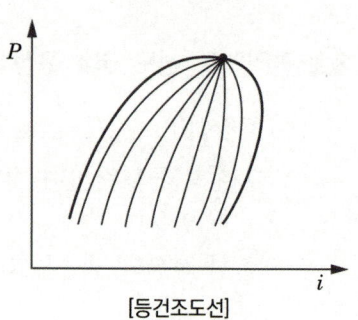
[등건조도선]

(6) 압축냉동사이클과 몰리에르 선도
  ① 과냉각도가 크면 클수록 팽창 밸브 통과 시 플래시가스 발생량이 감소하므로 냉동능력이 증대 됨
  ② 과냉각과정 → 과냉각도 = 응축온도(t_f) - 팽창 밸브 직전액온도(t_c)
  ③ a → b : 압축기
  ④ b → e : 응축기
  ⑤ e → f : 팽창 밸브
  ⑥ f → a : 증발기

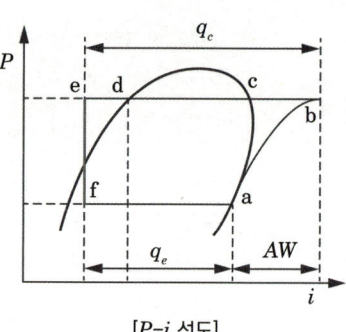
[P-i 선도]

(7) 등비체적선(V : m^3/kg)
  ① 습증기구역과 과열증기 구역에만 존재
  ② 흡입증기의 비체적을 알 수 있음

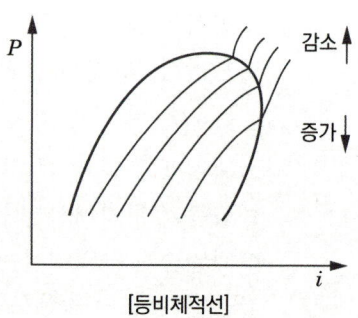
[등비체적선]

05 2단 압축사이클

냉동기의 증발온도가 너무 낮으면 이에 따라 증발압력이 저하하기 때문에 저압가스를 1단으로 압축할 경우 압축비가 커진다. 이렇게 압축비가 높아지면 압축기 토출가스의 온도가 높아지고 체적효율이 감소하여 냉동능력이 감소하며, 소요동력이 현저히 증가함으로써 동력이 낭비된다. 이러한 현상을 방지하기 위해 증발온도가 너무 낮을 경우 또는 압축비가 큰 경우에는 증발기를 나오는 저압냉매를 2단으로 나누어 저단압축기는 저압을 중간압력까지만 상승시키고, 이 중간압력이 된 가스를 중간냉각기(인터쿨러)로 냉각한 후 고단압축기로 고압까지 올려 주는 2단 압축방식을 채택한다.

1 2단 압축 1단 팽창사이클

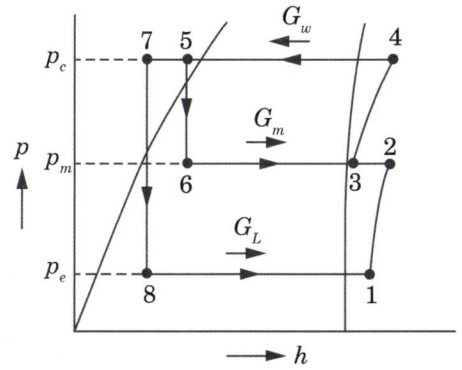

[$P-h$ 선도상의 표시]

2 2단 압축 2단 팽창사이클

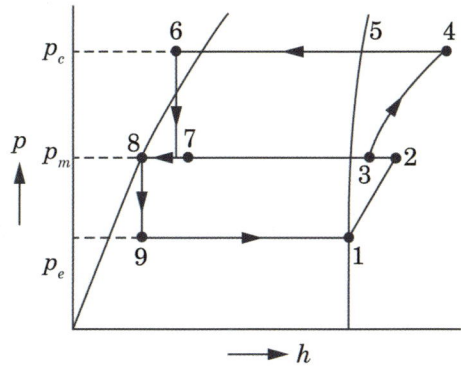

[$P-h$ 선도상의 표시]

06. 기준 냉동사이클

냉동기 능력, 즉 표준톤의 계산에는 사용조건에 따라 다르다. 따라서 어느 일정한 기준이 필요하며 정해진 온도 조건에 의한 사이클을 기준 냉동사이클이라 하며 다음과 같은 조건하에 발생할 수 있는 표준톤의 수로서 능력을 계산한다.

(1) 응축온도(응축 압력에 대한 포화온도) : 30 [℃](86 [℉])

(2) 과냉각도 : 5 [℃]

(3) 증발온도(흡입 압력에 대한 포화온도) : -15 [℃](5 [℉])

(4) 압축기 흡입가스 : 건조포화증기(-15 [℃])

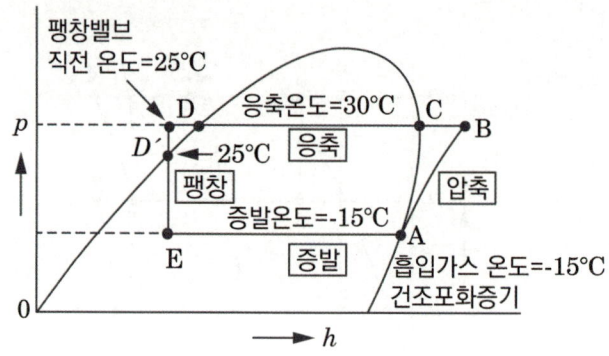

[P-h 선도상의 기준 냉동사이클 표시]

07. 2원 냉동사이클

-70 [℃] 이하의 초저온장치가 되면 다단압축방식으로는 초저온의 실현이 곤란해지기 때문에 냉동장치의 개량으로서 다원냉동방식이 채용

(1) 저온냉동기에 사용되는 냉매 : R-13, R-14, R-50(메탄), 에틸렌, 프로판(R-290)

(2) 고온냉동기에 사용되는 냉매 : R-12, R-22

(3) 캐스케이드 콘덴서 : 2원 냉동사이클 저온 측 응축기와 고온 측 증발기를 조합하여 저온 측 응축기의 열을 효과적으로 제거하여 응축액화를 촉진시켜주는 일종의 열교환기

Chapter 04 냉동장치

01 흡수식 냉동기

(1) 주로 증기, 유류, 가스 및 온수 등을 가열원으로 쓰고 있어 전기를 사용하는 냉동의 대체효과가 크며, 기계식 냉동기에 비해 운전비가 저렴

(2) 출구수온을 7 [℃] 얻기 위해서는 냉매의 증발온도가 4 ~ 5 [℃]가 되어야 하며, 이때 포화압력은 6 ~ 7 [mmHg] 정도임

(3) 25 ~ 100 [%] 정도 비례제어가 가능한 특성이 있으며 부하변동에 따를 추종성이 기계식 냉동기에 비해 느린 편임

(4) 흡수식 냉동기 순환과정
발생기 → 응축기 → 증발기 → 흡수기

(5) 용량제어방법
① 증기 토출가스 제어
② 구동열원 입구 제어
③ 발생기 공급용량 제어

Chapter 05 냉동장치 구조

01 냉동능력 산정기준

<u>원심식 압축기</u>를 사용하는 냉동설비는 그 압축기의 원동기 정격출력 1.2 [kW]를 1일의 냉동능력 1톤으로 보고, <u>흡수식 냉동설비</u>는 발생기를 가열하는 1시간의 입열량 6640 [kcal]를 1일의 냉동능력 1톤으로 본다.

02 압축기

압력 증대장치로 팽창 밸브를 거쳐서 증발기에서 발생한 저온 저압의 냉매 가스를 흡입하여 응축기에서 쉽게 응축할 수 있도록 그 압력을 응축압력까지 높이는 작용을 하며 냉매를 전장치 내로 순환시켜주는 역할을 함

1 구조상 분류

(1) 밀폐형 : 모터와 압축기가 한 하우징 내에 있어 외부와 밀폐되어 있고 직결구동되고 있는 형태
 ① 반밀폐형(분해 점검수리 가능)
 ② 전밀폐형(모터는 상부, 압축기는 하부에 존재)
 ③ 완전밀폐형 : 주로 소형 가정용 냉장고용이며 프레온 냉매 사용

(2) 개방형 : 전동기와 압축기가 별개로 설치되며 벨트나 커플링에 의해 구동
 ① 벨트 구동식
 ② 직결 구동식

2 압축방법에 의한 분류

(1) 왕복 압축기 : 피스톤의 왕복운동으로 가스를 압축하는 용적식 압축기
   ① 입형 압축기
   ② 횡형 압축기
   ③ 고속다기통형 압축기
      ㉠ 단동식 : 1회전에 1회 압축(상승 시 압축, 하강 시 흡입)
      ㉡ 복동식 : 1회전에 2회 압축(상승, 하강 시 흡입 압축)
      ㉢ 왕복동식 압축기 용량제어방법
         • 흡입 밸브 조정에 의한 방법
         • 회전수 가감법
         • 바이패스 방법
         • 톱 클리어런스에 의한 방법
         • 언로드(무부하)법

(2) 원심식 : 터보압축기라고 하며, 임펠러의 고속회전에 의한 원심력으로 가스를 압축하는 방식이고 주로 대용량의 공기조화용으로 많이 사용

(3) 회전압축기 : 회전자의 회전에 의해 가스를 압축하며 주로 소형 냉동기에 사용

(4) 스크루식 : 2개의 맞물린 나사 형상의 로터 회전으로 가스를 압축하는 것이므로 구동할 때는 정해진 회전 방향이 있음

3 오일 포밍 현상

프레온 냉동기에서 압축기 정지 시 크랭크 케이스 내의 오일 중에 용해되어 있던 프레온 냉매가 압축기 기동 시 크랭크케이스 내의 압력이 급격히 낮아져 오일과 냉매가 급격히 분리되는데 이 때문에 유면이 약동하며 윤활유에 거품이 일어나는 현상

4 오일 해머링 현상

오일 포밍이 급격히 일어나면 피스톤 상부로 다량의 오일이 올라가 오일을 압축하게 되는데, 이때 이상음이 나는 것을 오일 해머링이라고 함

03 응축기

압축기에서 토출된 냉매가스를 상온하에서 물이나 공기를 사용해 열을 제거함으로써 응축, 액화시키는 역할을 함

1 응축기 종류

(1) 입형 셸 앤드 튜브식 응축기 : 냉매와 냉각수가 평형상태이므로 과냉각이 어려움

(2) 횡형 셸 앤드 튜브식 응축기

(3) 셸 앤드 코일식 응축기 : 나선 모양의 관에 냉매를 통과시키고 이 나선관을 구형 또는 원형의 수조에 담가 순환시켜 냉매를 응축시키는 응축기

(4) 2중관식 응축기

(5) 7통로식 응축기

(6) 대기식 응축기

(7) 증발식 응축기

(8) 공랭식 응축기

2 냉각방식에 의한 분류

(1) 수랭식 응축기 : 수량 및 수질이 좋은 곳에서 사용

① 입형 셸 앤드 튜브식 응축기
② 횡형 셸 앤드 튜브식 응축기
③ 2중관식 응축기
④ 7통로식 응축기
⑤ 대기식 응축기
⑥ 증발식 응축기 : 물의 증발잠열을 이용하여 냉매를 응축시키는 방식으로서 외기 습구온도에 영향을 받음

(2) 공랭식 응축기 : 냉각수가 없는 곳에서 사용

(3) 증발식 응축기 : 냉각수가 부족한 곳에서 사용

(4) 냉각탑 : 응축기에서 냉매를 응축시키고 온도가 높은 냉각수를 다시 사용하고자 냉각시키는 역할

(5) 균압관 : 응축기 상부와 수액기 상부를 연결하여 냉매의 흐름을 원활하게 하기 위해 설치

3 증발식 응축기 특징

(1) 냉각수의 증발에 의해 냉매가스가 응축됨

(2) 팬, 노즐, 냉각수펌프 등 부속설비가 많음

(3) 겨울에는 공랭식으로 사용 가능

(4) 상부의 살수 수온과 하부의 물탱크 수온이 같음

(5) 외기 습구온도에 의해 능력이 좌우됨

(6) 냉매압력 강하가 큼

4 수액기 취급 시 주의사항

(1) 직사광선을 받지 않도록 할 것

(2) 균압관의 지름을 충분히 크게 할 것

(3) 안전 밸브를 설치할 것

(4) 냉매량은 3/4 이상 만액시키지 않을 것

(5) 수액기는 응축기보다 낮은 위치에 설치할 것

5 일리미네이터

(1) 관에 분무되는 냉각수의 일부가 공기와 같이 외부로 비산하는 것을 방지하기 위해 설치

(2) 소비수량은 1 [%]의 증발로 충분하나 실제로 비산수량 및 탱크 내의 물이 증발로 인한 불순물의 농축으로 5 ~ 10 [%]의 수량이 소비됨

04 증발기

팽창 밸브를 통해서 오는 저온저압의 냉매액이 피냉동물체 또는 특정 공간으로부터 증발잠열을 흡수하여 냉동목적을 달성하는 열흡수장치

1 용도에 따른 분류

(1) 만액식 셸 앤드 튜브식 암모니아 냉각기
  ① 주로 공업용 브라인 냉각장치에 사용
  ② 관경이 작으면 저항이 커져 압력 강하가 크므로 체적효율 감소, 흡입압력 저하, 토출가스온도 상승 등 여러 가지 악영향을 미치나 전열면만 생각하면 관경이 작은 것이 좋음
  ③ 셸 내에 냉매, 튜브 내에 브라인이 존재

(2) 만액식 셸 앤드 튜브식 프레온 냉각기
  ① 공기조화장치 및 일반화학공업의 액체 냉각을 목적으로 이용
  ② 냉매 측의 열전달율이 낮으므로 핀 튜브 사용

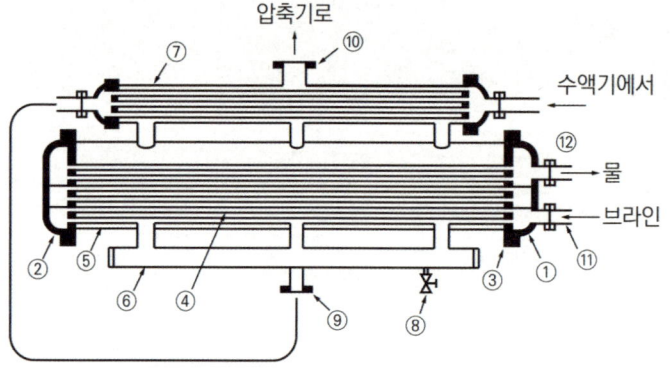

(3) 건식 셸 앤드 튜브식 냉각기

   ① 셸에 브라인(냉수), 튜브에 냉매 존재

   ② 프레온용

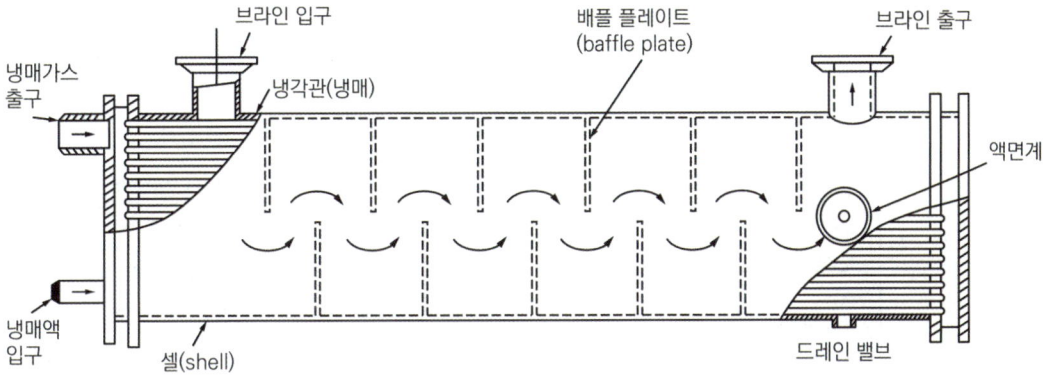

(4) 보데로 냉각기

   ① 물이나 우유의 냉각에 사용

   ② 냉각관 청소가 쉬워 위생적임

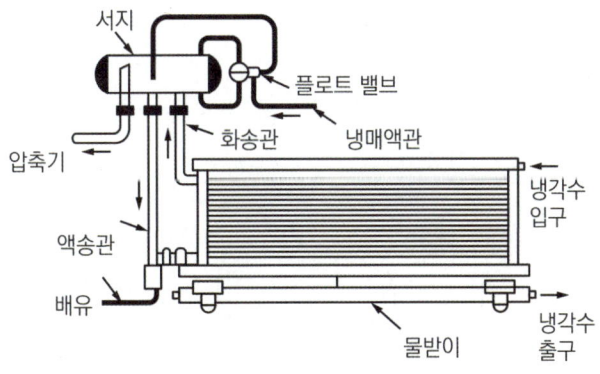

(5) 탱크형 냉각기
　　① 주로 암모니아용이며, 제빙에 사용
　　② 전열율이 양호
　　③ 만액식

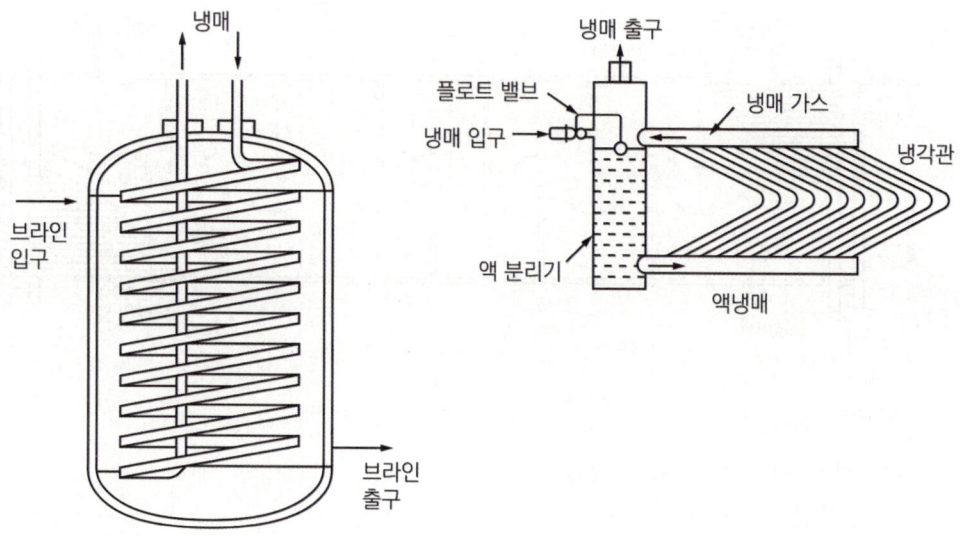

(6) 관코일 증발기
　　① 프레온용일 때 대형에는 강관, 소형에는 동관 사용
　　② 냉장고, 쇼케이스 등에 사용

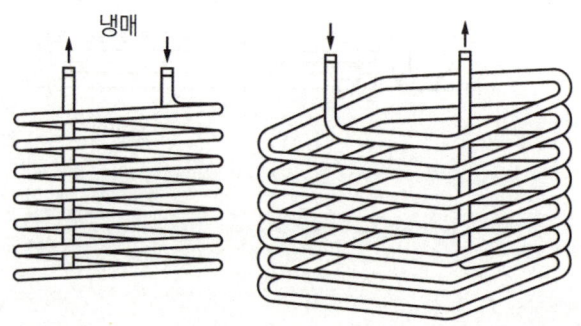

(7) 핀 튜브식 냉각기
   ① 주로 프레온용으로 건식을 채용
   ② 소형 냉장고, 냉장용 진열장, 공기조화 등에 광범위하게 사용

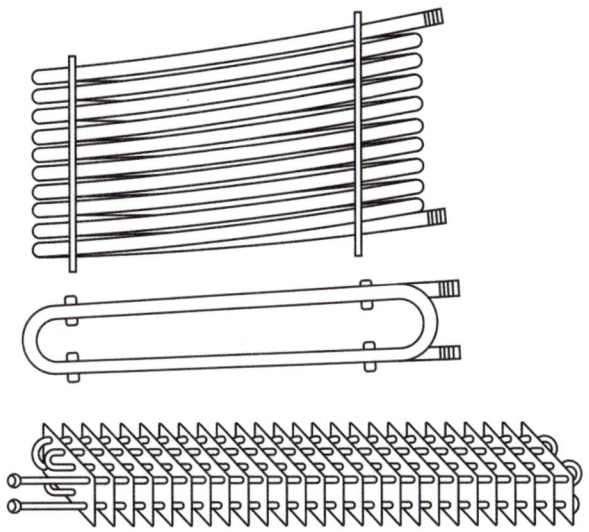

(8) 캐스케이드식 증발기
   ① 액 냉매를 공급하고 가스를 분리하는 형식
   ② 공기 동결식의 동결 선반에 사용

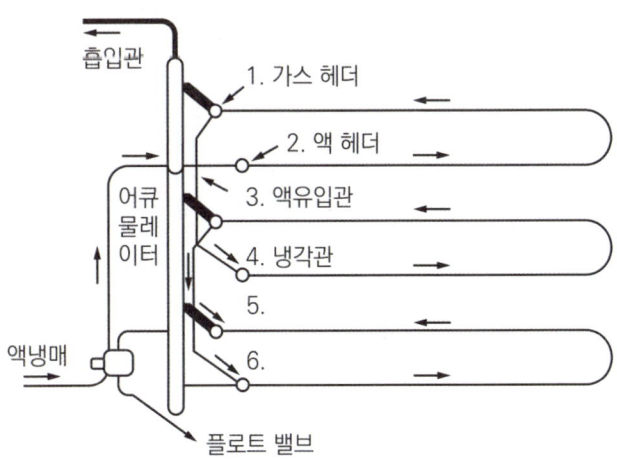

(9) 공기냉각용 증발기
　① 관코일식 증발기
　② 캐스케이드식 증발기
　③ 플레이트식 증발기
　④ 핀튜브식 증발기
　⑤ 멀티피드 멀티섹션식 증발기

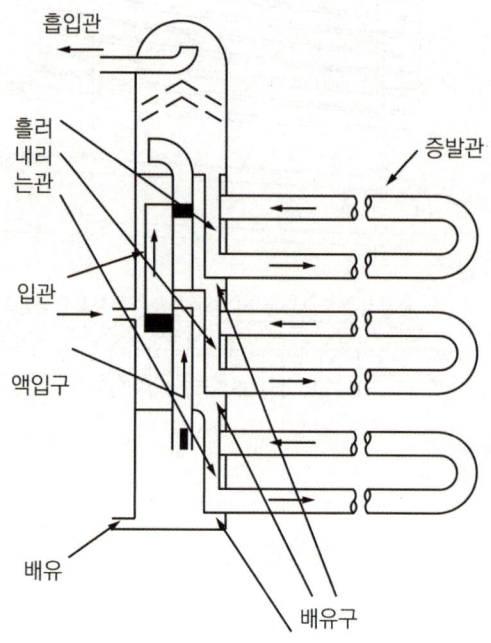

(10) CA 냉장고
　① 청과물을 냉장, 저장하는 데 있어 보다 좋은 저장성을 확보하기 위해 냉장고 내의 공기를 치환하는데, 산소는 3 ~ 5 [%] 감소시키고, 탄산가스를 3 ~ 5 [%] 증가시켜 냉장고 내의 청과물의 호흡작용을 억제하면서 냉장하는 냉장고

2 액냉매 공급에 따른 분류

(1) 건식증발기 : 증발기 내 냉매액 25 [%], 가스 75 [%] 존재

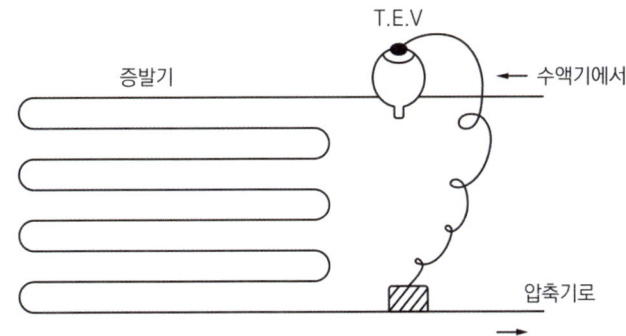

(2) 만액식 증발기 : 증발기 내 냉매액 75 [%], 가스 25 [%] 존재

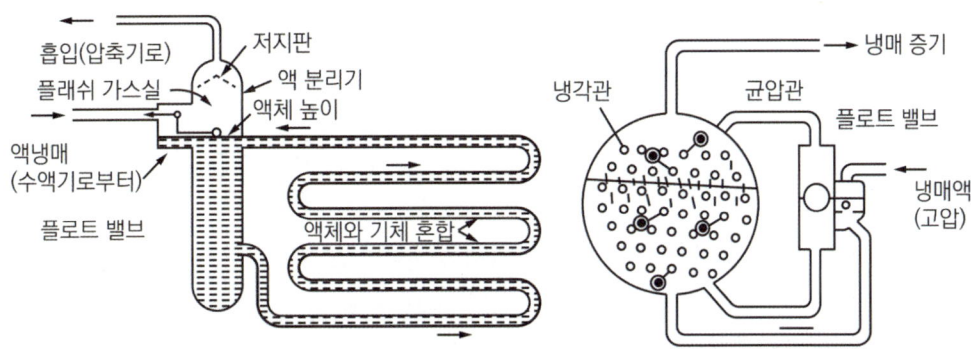

(3) 반만액식 증발기 : 습식증발기라고도 하며 냉매액 50 [%], 가스 50 [%]가 증발기 내에 존재하며, 냉매량이 건식에 비해 많고 전열효과는 건식에 비해 양호하지만 만액식에는 미치지 못함

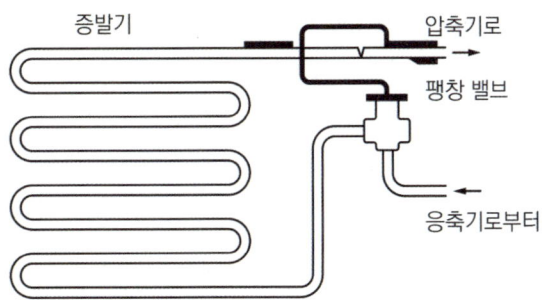

(4) 액순환식 증발기 : 액펌프를 사용하여 증발기에서 증발하는 액체량의 4 ~ 6배의 액을 강제 순환

3 증발기 출구 측에 감온통 설치 기준

(1) 흡입관 외경이 20 [mm] 미만일 경우 : 흡입관 상부에 부착

(2) 흡입관 외경이 20 [mm] 이상일 경우 : 흡입관 수평보다 45° 하부에 부착

4 브라인

브라인의 유동속도가 느리면 브라인의 양이 감소하여 냉동능력이 저하됨

05 팽창 밸브

냉동기 및 열펌프 사이클 중에서 고온·고압의 냉매를 교축시켜 갑자기 저압의 증발기(냉각코일) 속에 방출하는 일종의 감압 밸브이며 매우 작은 틈에서 냉매를 방출

(1) 동작에 따라 수동 밸브와 자동 밸브가 있으며, 자동식에는 압력식(다이어프램식)과 온도식, 플로트식, 전자식 등이 있음

(2) 팽창 밸브 개도가 너무 크면 냉매액이 증발기에서 모두 증발시키지 않고 압축기로 넘어올 수 있음

1 정압식 자동팽창 밸브

(1) 냉동부하변동이 작은 암모니아(NH_3) 건식에 사용

(2) 부하변동에 따른 유체제어가 불가능하며 냉수, 브라인 동결 방지에 사용

(3) 증발기 내 압력이 벨로스에 작용하여 증발압력을 일정하게 유지

2 온도자동식 팽창 밸브

증발기 출구의 냉매온도에 의해 자동으로 개도 조정

3 제상(Defrost)

증발기는 코일의 표면 온도가 0 [℃] 이하가 되면 공기 중 습기가 서리로 되어 냉각관 표면에 부착한다. 이 서리는 매우 가볍고 공기를 함유하고 있어 열전도율이 나빠 전열이 불량하게 되며 이 현상을 적상이라 한다. 이것이 축적되면 장치에 미치는 영향이 크므로 일정한 시간을 두고 제거해야 하는데, 이 작업을 제상이라 한다.

(1) 고압가스 제상 : 고온의 냉매가스를 증발기에 보내 그 응축잠열을 이용하여 제상하는 방법
   ① 고압가스에 의한 제상
   ② 증발기 1대의 경우 고압가스 제상
   ③ 증발기 2대일 경우 고압가스 제상

(2) 액냉매를 제상용 수액기에 받는 제상

(3) 소형 냉동장치 제상

(4) 서모뱅크를 이용한 제상

(5) 증발기를 이용한 제상

(6) 온수 살포 제상

(7) 온수 브라인 제상

(8) 전열 제상

(9) 브라인 분무 제상

4 팽창 밸브 선정 시 고려사항

(1) 고저압의 압력차

(2) 사용 냉매의 종류

(3) 증발기의 형식 및 크기

(4) 냉동기의 냉동능력

※ 팽창 밸브를 선정할 때 관의 두께는 고려하지 않아도 됨
※ 냉매가 팽창 밸브를 통과할 때 압력과 온도는 변하고 엔탈피는 일정

Chapter 06 냉동장치 응용

01 동결장치

1 냉동력

냉매 1 [kg]이 증발기에서 흡수하는 열량 [kcal/kg, kJ/kg]

2 냉동능력

단위시간동안 증발기에서 흡수하는 열량 [kcal/hr, kJ/hr]

3 1냉동톤

0 [℃] 물 1톤을 하루 동안에 0 [℃] 얼음으로 만드는 데 제거해야 할 열량

$Q = G\gamma = 1000[kg/day] \times 79.68[kcal/kg]$

$= 79680[kcal/day]$

$= 3320[kcal/hr]$

∴ $1[RT] = 3320[kcal/hr]$

02 제빙장치

1 제빙톤

원료수 25 [℃] 1톤을 하루동안 -9 [℃] 얼음으로 만드는 데 제거해야 하는 열량
(단, 여기서 열손실율은 20 [%]이다)

2 1 [RT]

1RT = 3320 [kcal/hr] = 13944 [kJ/hr]

$Q = 1,000 \times (1 \times 25 + 79.68 + 0.5 \times 9) = 109180 [kcal/day]$

$= 4549 [kcal/hr]$

열손실이 20 [%] 이기 때문에

$4549 [kcal/hr] \times 1.2 = 5459 [kcal/hr]$

이제 냉동톤으로 환산하면

$5459 [kcal/hr] \times \dfrac{1 [RT]}{3320 [kcal/hr]} = 1.65 [RT]$

∴ 1제빙톤 : 1.65 [RT]

3 결빙시간

결빙시간 : $\dfrac{0.56 \times t^2}{-(t_b)}$

t : 얼음의 두께 (cm)

t_b : 브라인 온도

03 열펌프와 축열장치

1 열펌프

(1) 압축식 냉방사이클을 반대로 돌려 응축기(실외)에서 흡열하고, 증발기(실내)에서 방열하는 기능을 하는 겨울철에 난방이 가능한 냉난방기

(2) 일반적으로 열이 고온에서 저온으로 흐르지만, 저온에서 고온으로 흐르게 하기 위해 저온 열원응축기에서 흡열하고, 고온열원증발기에서 방열하기 위해 열펌프가 사용되므로 히트펌프라고 함

(3) 히트펌프는 여름철에는 냉동기로 냉방하고, 겨울철에는 냉동사이클을 이용한 응축기에서 버리는 열을 이용해서 난방을 하기 때문에 난방을 위한 별도의 보일러 혹은 굴뚝 등 설비가 필요하지 않음

2 축열장치

(1) 물체의 온도변화를 이용해 열량을 저장하는 방식을 현열 축열에 모래, 자갈, 쇄석, 콘크리트블록, 벽돌 등 고체 토양이 이용되기도 함

(2) 축열 물주머니는 물을 이용한 것이며 지중열교환온실은 토양을 이용한 것

(3) 축열장치 특징
   ① 수질관리 및 소음관리가 필요
   ② 저속 연속운전에 의한 고효율 정격운전 가능
   ③ 열회수시스템의 적용 가능
   ④ 냉동기 및 열원설비 용량이 감소할 수 있음

Chapter 07 공기조화

01 개요

1 정의

인위적으로 실내 또는 일정한 공간의 공기를 사용 목적에 적합하도록 적당한 상태로 조정하는 것

2 공기조화 4대요소

온도, 습도, 기류, 청정도

3 공기조화 분류

(1) 보건용 공기조화 : 쾌적한 주거환경을 유지하여 보건, 위생 및 근무환경을 향상시키기 위한 공기조화(쾌감용 공기조화라고도 하며 재실자들이 생산활동을 능률적으로 할 수 있는 환경을 만들어 주기 위한 공조로서 인간의 쾌감이나 보건위생을 목적으로 함)

(2) 산업용 공기조화 : 생산과정에 있는 물질을 대상으로 하여 물질의 온도, 습도 변화 및 유지와 환경의 청정회로 생신성 향상이 목직

4 공기조화 열원장치

(1) 열운반장치 : 송풍기, 펌프, 덕트, 배관 등

(2) 공기조화기 : 공기여과기, 공기냉각기, 공기가열기 등

(3) 열원장치 : 보일러, 냉동기, 냉각탑 등

(4) 자동제어장치 : 공조장치 운전 시 경제적 운전을 위한 각종 자동으로 제어되는 장치

5 보건용 공기조화 기준

(1) 공기 중 섞여 있는 먼지량 : 공기 1 [m³]당 0.15 [mg] 이하

(2) 일산화탄소(CO)의 함유율 : 10 [ppm] 이하(백만분의 10 이하 : 0.001 [%] 이하)

(3) 탄산가스(CO_2)의 함유율 : 1000 [ppm]

(4) 상대습도 : 40 [%] 이상, 70 [%] 이하

(5) 기류 이동속도 : 0.5 [m/s] 이하

(6) 온도
  ① 17 [℃] 이상 28 [℃] 이하
  ② 거실 온도를 외기 온도보다 낮게 할 경우 그 차가 현저하지 않도록 할 것

6 공기조화 설비로 인한 용도

작업상의 사고 감소, 직무능률 향상, 제품 품질 향상, 개인비용 절감 및 근무 의욕 향상

7 실효온도[ET ; Effective Temperature](유효온도, 감각온도, 실감온도)

(1) 습구온도 이외에 기류의 영향을 더한 온도로

(2) 상대습도 100 [%] 기준, 즉 포화상태이며 정지공기의 실내 상태를 말함

(3) 온습도의 쾌감과 동일한 쾌감을 얻을 수 있는 기류를 포함한 온도

8 효과온도(OT, 수정유효온도)

건구온도계에 의해 측정한 주위 벽면의 평균 복사온도(t_R)와 건구온도(t)의 평균치이며, 기온, 기동, 주위 벽으로부터의 복사열 등 종합효과를 표시한 온도

- $OT = \dfrac{t_R + t}{2}$

9 서한도

인체에 해가 되지 않는 오염물질 농도

(1) CO : 10 [ppm]

(2) CO_2 : 0.1 [%]

(3) 먼지 : 0.15 [mg/m^3]

(4) 외기 도입량 : Q(m^3/h)

① $Q \geq \dfrac{x}{C_a - C_0}$

② Q : 외기 도입량(m^3/h)

③ C_a : 오염물질의 서한도(m^3/m^3)

④ C_0 : 외기의 CO_2 함유량(m^3/m^3)

10 쾌적조건(풍속 V = 0.08 ~ 0.13 [m/s])

(1) 여름철 : ET = 21 ± 2 [℃], 상대습도 RH = 40 ~ 60 [%]

(2) 겨울철 : ET = 18 ± 2 [℃], 상대습도 RH = 45 ~ 65 [%]

(3) 기류

① 냉방 시 : 0.12 ~ 0.18 [m/s]

② 난방 시 : 0.18 ~ 0.25 [m/s]

11 실내부하 종류

(1) 실내 취득열량

종류	내용	열의 종류
온도차에 의한 전도열	지붕, 벽체로부터의 열량	현열
	유리창 등으로부터의 열량	
	천장, 칸막이, 마루 등으로부터의 열량	
내부 발생열량	벽체의 축열부하량	현열
	조명, 복사기로부터의 열량	
	극간풍에 의한 열량	현열 + 잠열
	인체의 발생열량	
	증발기로부터의 발생열량	

종류	내용	열의 종류
태양 복사열	유리창 등으로부터의 열량	현열
	지붕, 벽으로부터의 열량	

(2) 장치 내의 취득열량
- 덕트, 송풍기로부터의 취득열량 : 현열

(3) 재열부하
- 재열기로부터의 취득열량 : 현열

(4) 외기부하
- 신선한 공기 : 현열 + 잠열
※ 실내기구는 전체적으로 현열과 잠열이 모두 발생

12 공기조화기의 자동제어 시 제어요소

온도제어 - 습도제어 - 환기제어

02 공기

1 건조공기(Dry Air)

수증기를 전혀 포함하지 않은 공기

(1) 질소(N_2) : 78.1 [%]

(2) 산소(O_2) : 20.93 [%]

(3) 아르곤(Ar) : 0.93 [%]

2 습공기(Moist Air)

건조공기와 수증기를 포함한 자연공기

3 포화 습공기

(1) 공기온도에 따라 포함된 수증기량은 한계가 있는데, 최대한도의 수증기를 포함한 공기를 포화공기라고 함

(2) 공기온도 상승 시 포화압력도 상승하여 공기보다 많은 수증기를 함유할 수 있게 되며 온도가 내려가면 공기가 함유할 수 있는 수증기 한도도 작아져 포화압력도 내려감

4 노점온도(DT ; Dew point Temperature)

공기 중에 포함된 수증기가 작은 물방울로 변화하여 이슬이 맺히는 현상과 같으며 이 현상이 결로이며, 이때 온도가 노점온도를 뜻함

5 건구온도(DB ; Dry Bulb Temperature, t ℃)

기온을 측정할 때 온도계의 감열부가 건조된 상태에서 측정한 온도이며, 보통 온도계에서 지시하는 온도를 말함

6 습구온도(WB ; Wet Bulb, t ℃)

기온 측정 시 감열부를 천으로 싸고 모세관 현상으로 물을 빨아올려 감열부가 젖게한 뒤 측정한 온도

7 절대습도

습공기 중에 포함되어 있는 건공기 1 [kg]에 대한 수증기의 중량을 말하며, 절대습도는 가습·감습 없이 냉각 가열만 할 경우엔 변하지 않음

8 상대습도

수증기의 분압과 동일온도의 포화 습공기 수증기 분압의 비로, 1 [m^3]의 습공기 중 함유된 수분의 중량과 이와 동일한 1 [m^3] 포화 습공기 중에 함유된 수분의 중량과의 비를 말함

9 포화도 비교습도

포화 습공기의 절대습도와 동일온도의 습증기 절대습도의 비

10 비체적과 비중량

(1) 비체적 : 건조공기 1 [kg] 당 습공기 중의 수증기를 포함한 체적

(2) 비중량 : 습공기 1 [m³]에 포함되어 있는 수증기의 중량

11 현열, 잠열, 엔탈피

(1) 현열 : 상태변화가 없고 온도변화에만 주는 열에너지
- $q_s = GC\Delta t$

(2) 잠열 : 온도변화가 없고 상태변화에만 사용되는 열에너지
- $q_L = Gr$

(3) 엔탈피 : 전열량 = 현열 + 잠열

12 현열비(SHF ; Sensible Heaf Factor)

감열비, 전열량에 대한 현열량의 비로, 실내로 송출되는 공기 상태를 나타냄

- $SHF = \dfrac{q_s}{q_s + q_L}$

  (q_s : 현열량, q_L : 잠열량)

03 공기조화방식

1 중앙공조방식

(1) 전공기방식
　① 단일덕트방식
　　㉠ 정풍량 방식 : 말단에 재열기가 없는 방식
　　㉡ 변풍량 방식 : 재열기가 없는 방식과 재열기가 있는 방식
　② 2중덕트방식
　　㉠ 정풍량 2중덕트방식
　　㉡ 변풍량 2중덕트방식
　　㉢ 멀티존 유닛방식
　　㉣ 덕트 병용의 패키지방식
　　㉤ 각층 유닛방식

(2) 공기·수방식(유닛병용방식)
　① 덕트 병용 팬코일 유닛방식
　② 복사냉난방방식
　③ 유인유닛방식
　※ 복사난방 : 바닥패널, 벽패널, 천장패널을 설치하여 복사열을 이용하는 난방

(3) 전수방식
　• 팬코일 유닛방식

2 개별공조방식(냉매방식)

(1) 패키지방식(냉수배관, 복잡한 덕트 등이 없음)

(2) 멀티유닛방식

(3) 룸쿨러방식

04 송풍기

1 송풍기

(1) 선풍기 : 대기압하에서 공기를 흡입하고 압력 상승은 0이며, 대류작용에 의한 공기유동

(2) Fan : 대기압하에서 공기를 흡입하고 압력 상승은 1000 [mmAq] 미만

(3) Blower : 대기압하에서 공기를 흡입하고 압력 상승은 1000 [mmAq] 이상

(4) 송풍기 번호

① 다익형 송풍기 번호 $No. = \dfrac{임펠러\ 지름(mm)}{150}$

② 축류형 송풍기 번호 $No. = \dfrac{임펠러\ 지름(mm)}{100}$

2 송풍기 소요동력

송풍기 소요동력 : $N = \dfrac{PQ}{102 \times \eta \times 60}$

N : 소요동력(kW)

η : 효율

P : 송풍압력(kg/m^2)

Q : 송풍량(m^3/min)

3 송풍기 상사법칙

송풍기 크기나 회전수의 변화에 따라 송풍기 상사법칙은 아래와 같이 성립됨

유량	양정	동력
$Q_2 = Q_1 \left(\dfrac{N_2}{N_1}\right)\left(\dfrac{D_2}{D_1}\right)^3$	$H_2 = H_1 \left(\dfrac{N_2}{N_1}\right)^2 \left(\dfrac{D_2}{D_1}\right)^2$	$L_2 = L_1 \left(\dfrac{N_2}{N_1}\right)^3 \left(\dfrac{D_2}{D_1}\right)^5$

05 에어필터

1 효율 측정법

(1) 중량법 : 필터에서 집진되는 먼지의 중량으로 효율 결정(큰 입자)

(2) 변색도법(비색법) : 작은 입자를 대상으로 필터에서 포집된 공기를 각각 여과기에 통과시켜 그 오염도를 광전관을 사용하여 측정

(3) 계수법(DOP법) : 고성능 필터를 측정하는 방법으로 일정한 크기의 시험입자(0.3 [μm])를 사용해 먼지(진애) 계측기로 측정

2 고성능 필터

(1) DOP법에 의한 여과효율이 99.79 [%] 이상이며 여과재는 글라스파이버, 아스베스토스 파이버가 사용

(2) 병원 수술실, 클린룸, 방사선물질 취급소 등에 사용

3 클린룸

(1) 공기 중 부유먼지, 유해가스, 미생물 등 오염물질까지도 극소로 만든 클린룸은 정밀 측정실이나 반도체산업, 필름공업 등에서 응용

(2) 청정의 대상이 주로 부유먼지 미립자인 경우를 공업용 클린룸이라고 함

4 냉동사이클에서 액관 여과기 규격

(1) 액관 : 80 ~ 100 [mesh]

(2) 가스관 : 40 [mesh]

5 필터 여과효율(ηf)

$$\eta_f = \frac{C_1 - C_2}{C_1} \times 100\%$$

(C_1 : 필터 입구 공기 중 먼지량, C_2 : 필터 출구 공기 중 먼지량)

06 공기조화방식 특징

1 중앙공조방식

(1) 송풍량이 많아 실내공기의 오염이 적음

(2) 덕트가 대형이고 개별식에 비해 덕트 스페이스가 큼

(3) 공조기가 기계실에 집중되어 있으므로 관리·보수가 용이

(4) 송풍동력이 크며 유닛 병용의 경우를 제외하고는 각 실마다의 조정이 곤란

(5) 대형 건물에 적합하며, 리턴 팬을 설치하면 외기냉방이 가능

2 2중 덕트방식

온풍과 냉풍 2개의 덕트를 설비하여 각 실의 부하조건에 따라서 혼합박스로 적당한 급기온도를 조정하여 토출시키는 방식으로 에너지 소모량이 가장 큰 방식

3 유인유닛방식

1차 공조기로부터 보내 온 고속공기가 노즐 속을 통과할 때 유인력에 의해 2차 공기를 유인하여 냉각 또는 가열하는 방식

4 개별공조방식

(1) 이동 및 보관, 자동조작이 가능하며 편리함

(2) 여과기의 불완전으로 실내공기의 청정도가 나쁘고 소음이 큼

(3) 개별제어가 가능하고 대량 생산하므로 설비비와 운전비가 저렴

(4) 설치가 간단하지만 대용량의 경우 공조기 수가 증가하기 때문에 중앙식보다 설비비가 많이 들 수 있음

(5) 외기냉방이 어려움

※ 외기냉방 : 외기의 온도 또는 엔탈피보다 낮은 경우 냉동기를 가동하지 않고 공기조화기의 외기, 환기, 배기 댐퍼의 적절한 조작과 송풍기팬 및 배기팬으로 외기를 도입해 실내를 냉방하는 것

07 공기냉각 및 가열코일

1 공기냉각코일

(1) 냉수코일 : 관 내에 냉수(5 ~ 10 [℃])를 통하는 코일

(2) 직접 팽창코일 : 관 내에 냉매를 직접 팽창시켜 그 증발열로 공기를 냉각하는 코일

2 공기가열코일

(1) 온수코일 : 관 내에 온수(40 ~ 60 [℃])를 통과시켜 공기를 가열(냉·온수코일)

(2) 증기코일 : 증기의 응축잠열(100 [℃]의 응축잠열 539 [kcal/kg] = 2253 [kJ/kg])을 이용하여 공기 가열

(3) 전열코일 : 코일 내 니크롬선을 내장하여 공기 가열(마그네슘 사용)

3 가습·감습장치

(1) 가습장치

    ① AW(Air Washer)에 의한 단열가습법
    ② AW 내 온수를 분무하여 가습
    ③ 소량의 물 또는 온수를 분무
    ④ 수증기를 공기류 속에 분무하는 방법 : 가습효율이 거의 100 [%]에 가까우며 무균이면서 응답성이 좋아 정밀한 습도 제거가 가능
    ⑤ 가습팬을 사용하여 증발하는 수증기를 이용하는 방법 : 응답성이 빠르고 제어성이 좋아 많이 사용하며 물의 정체성이 없어 미생물의 번식이 없음
    ⑥ 실내에 직접 분무

(2) 감습장치

    ① 냉각감습장치 : 냉각코일, 공기세정기 이용
    ② 흡수식 감습장치 : 염화리튬, 트라이에틸렌글리콜 등의 액체 흡수제 이용
    ③ 압축 감습장치 : 공기를 압축하여 여분의 수분을 응축시키는 법
    ④ 흡착식 감습장치 : 실리카겔, 활성알루미나 등의 반고체, 고체 흡착제를 사용하여 감습(극저습도용)

4 열교환기

(1) 설치 목적
    ① 리퀴드 백 방지(증발기 가까이)
    ② 플래시가스 발생 억제(응축기 가까이)
    ③ 프레온에서 냉동효과 증대 및 성적계수 향상
    ④ 만액식 증발기에서 유회수장치

(2) 설치해야 할 경우
    ① 액관이 현저히 입상할 경우
    ② 액관이 보온함 없이 따뜻한 곳을 통과하는 경우
    ③ R-12나 R-500을 사용하는 증발온도 -15 [°C] 전후에서 효과가 큼
    ④ 만액식 증발기의 유회수장치

5 열교환기 종류

(1) 용접식 열교환기 : 주로 소형에서 사용하며 증발기 출구의 가스관과 모세관을 용접하여 열교환시키는 것

(2) 셸 앤드 튜브식 열교환기 : 셸 내로 가스가 흐르고 튜브 내로 액이 흐르며 주로 대형 프레온 냉동장치에서 사용

(3) 2중관식 열교환기 : 가는 튜브와 굵은 튜브와의 2중관에서 액냉매를 내측관에 관 사이로 가스를 흘려서 열교환되며 주로 R-22에서 사용

6 플래시가스 발생원인

(1) 압력 강하에 의한 경우
    ① 액관의 크기나 전자 밸브, 체크 밸브 등 크기가 작을 때
    ② 액관 중 스트레이너, 드라이어 등이 막혔을 때
    ③ 액관이 현저히 입상할 때

(2) 가열에 의한 경우
    ① 수액기가 직사광선을 받을 때
    ② 응축온도가 지나치게 낮을 때
    ③ 수액기 냉매온도가 주위보다 높을 때
    ④ 액관 보온 없이 따뜻한 곳을 통과할 때

7 플래시가스 영향

(1) 흡입가스 과열

(2) 실린더 과열

(3) 냉동능력 감소

(4) 증발압력 저하

(5) 팽창 밸브의 능력이 감퇴되어 증발기 내로 유입되는 실제적 냉매액 감소

(6) 윤활유 열화, 탄화

(7) 토출가스온도 상승

(8) 냉장실 온도 상승

8 플래시가스 발생 방지법

(1) 지나친 입상을 방지

(2) 액관을 방열

(3) 열교환기 설치

(4) 응축설계온도를 높게 함

08 댐퍼

(1) 풍량조절 댐퍼(VD ; Volume Damper) : 주 덕트의 주요 분기점, 송풍기 출구 측에 설치되며 날개의 열림 정도에 따라 풍량을 조절 또는 폐쇄의 역할을 함
  ① 종류
   ㉠ 버터플라이 댐퍼 : 소형 덕트 개폐용
   ㉡ 루버 댐퍼 : 평형익형은 대형 덕트 개폐용, 대향익형은 풍량조절용
   ㉢ 스프릿 댐퍼 : 분기부에 설치하여 풍량조절용

(2) 방화 댐퍼(FD ; Fire Damper) : 화재 발생 시 덕트를 통해 다른 곳으로 화재가 번지는 것을 방지하기 위해 방화구역을 관통하는 덕트 내에 설치된 차단장치
   ① 종류
      ㉠ 루버형 방화 댐퍼 : 대형의 4각 덕트용으로 퓨즈 이용 72 [℃] 용융
      ㉡ 슬라이드형 방화 댐퍼 : 퓨즈 이용
      ㉢ 스윙형 방화 댐퍼 : 퓨즈 이용
      ㉣ 피벗형 방화 댐퍼 : 퓨즈 이용

(3) 방연 댐퍼(SD ; Smoke Dapmer) : 연기감지기와의 연동으로 된 댐퍼이며 실내에 설치된 연기감지기로 화재 초기에 발생된 연기를 탐지하여 덕트를 폐쇄

Chapter 08 펌프

01 개요

1 펌프 성능

(1) 펌프 직렬연결 : 유량 일정, 양정 2배

(2) 펌프 병렬연결 : 양정 일정, 유량 2배

2 펌프 축동력

외부에 있는 전동기로부터 펌프의 회전자를 구동하는 데 필요한 동력

$$L_s = \frac{\gamma QH}{76 \times \gamma}(HP) = \frac{\gamma QH}{102 \times \eta}(kW)$$

3 비교회전도

$$N_s = \frac{NQ^{1/2}}{\left(\dfrac{H}{n}\right)^{3/4}}$$

N : 회전수(rpm)

Q : 유량(m³/min)

H : 양정(m)

n : 단수

4 펌프 상사법칙

유량	양정	동력
$Q_2 = Q_1\left(\dfrac{N_2}{N_1}\right)\left(\dfrac{D_2}{D_1}\right)^3$	$H_2 = H_1\left(\dfrac{N_2}{N_1}\right)^2\left(\dfrac{D_2}{D_1}\right)^2$	$L_2 = L_1\left(\dfrac{N_2}{N_1}\right)^3\left(\dfrac{D_2}{D_1}\right)^5$

5 펌프의 압축비와 단수 계산식

$$압축비 : r = \epsilon \sqrt{\frac{p_2}{p_1}}$$
(ϵ : 단수, p_1 : 흡입 측 절대압력, p_2 : 토출 측 절대압력)

02 펌프에서 발생하는 현상

1 공동현상(캐비테이션 현상)

펌프의 흡입 측 배관 내에서 발생하는 것이며 배관 내 수온 상승으로 물이 수증기로 변하여 물이 펌프로 흡입되지 않는 현상

(1) 캐비테이션 발생 조건
  ① 관속을 유동하는 유체 중 어느 부분이 고온일 때
  ② 유체가 과속으로 유량이 증가할 때 펌프 입구에서
  ③ 펌프의 임펠러 속도가 빠를 때
  ④ 펌프의 흡입관경이 작을 때
  ⑤ 펌프의 마찰손실이 클 때
  ⑥ 펌프의 흡입 측 수두가 클 때

(2) 캐비테이션 발생으로 일어나는 현상
  ① 소음과 진동
  ② 토출량, 양정, 효율이 점차 감소
  ③ 관정 부식
  ④ 임펠러 손상

(3) 캐비테이션 발생 방지
  ① 펌프 설치 위치를 낮추고 흡입양정을 짧게 함
  ② 펌프의 회전수를 낮추고 흡입 회전도를 적게 함
  ③ 펌프를 두 대 이상 설치
  ④ 펌프 흡입 관경을 크게 함
  ⑤ 펌프의 흡입 측 수두, 마찰손실을 작게 함
  ⑥ 양흡입 펌프 사용

2 수격현상(워터해머링 현상)

관속의 액체 속도를 급격히 변화시키면 액체에 압력 변화가 생겨 물이 관 벽을 치는 현상

(1) 수격현상 발생원인
  ① 펌프 운전 중 정전에 의해
  ② 펌프 정상 운전일 때 액체의 압력 변동이 생기면 발생

(2) 수격작용 방지법
  ① 관 내 유속을 낮게 함
  ② 관의 직경을 크게 함
  ③ 펌프 송출구 가까이 송출 밸브를 설치하여 압력 상승 시 압력 제어

3 맥동현상(서징 현상)

펌프 운전 시 주기적으로 운동, 양정, 토출량이 변동하는 현상으로 토출구와 흡입구에서 압력계의 바늘이 흔들리며 동시에 유량이 변하는 현상

(1) 맥동현상 발생원인
  ① 배관 중 수조가 있을 때
  ② 배관 중 기체 상태의 부분이 있을 때
  ③ 유량조절 밸브가 배관 중 수조의 위치 후방에 있을 때
  ④ 운전 중인 펌프를 정지할 때
  ⑤ 펌프의 양정곡선에서 산 모양의 곡선으로 상승부에서 운전하는 경우

(2) 맥동현상 방지책
  ① 회전수 조절
  ② 회전자나 안내날개의 형상 치수 변화
  ③ 관로 내 잔류공기를 제거하고 관로의 단면적, 유속, 저항 등을 조절
  ④ 펌프 내 양수량을 증가하거나 임펠러의 회전수를 변화

Chapter 09 보일러 설비 설치

01 급·배수 통기설비

1 급수설비

(1) 급수설비에 의한 분류 : 직결식 급수법, 옥상탱크식 급수법, 압력탱크식 급수법
  ① 직결식 급수법 : 우물직결식, 수도직결식
    ㉠ 대규모 건물에서는 급수가 곤란
    ㉡ 설비비용이 적게 듦
    ㉢ 최고층 급수 콕 압력은 0.3 ~ 0.5 [kg/cm^2] 이상일 것
  ② 옥상탱크식 급수법 : 옥상탱크, 지하저수조
    ㉠ 고층 및 대규모 빌딩에 급수 가능
    ㉡ 단수 시 탱크 내 보유 수량이 있어서 급수에 지장이 작음
    ㉢ 공급 수압이 항상 일정
  ③ 압력탱크식 급수법 : 옥상 등 고가탱크의 설치가 불가능할 경우 밀폐된 탱크를 설치하여 물을 압입시킴으로써 탱크 내의 공기가 압축되어 이 압축공기에 의해 급수
    ㉠ 고양정의 펌프가 필요
    ㉡ 급수 압력이 불균일
    ㉢ 탱크 내 저수량이 적어 정전 시 단수의 우려가 큼
    ㉣ 기밀성 및 고압에 견뎌야 하므로 제작비가 비쌈
    ㉤ 취급이 곤란하고 고장이 많음
    ※ 압력탱크 필요기기 : 압력계, 수면계, 안전 밸브, 배수 밸브, 압력스위치 등

(2) 물의 흐름에 의한 분류 : 상향식 급수법, 하향식 급수법, 상·하향 병용식 급수법

2 배수설비

건물 내부에 사용되는 각종 위생기구에서 나오는 폐수를 배출하는 설비

3 배수트랩

배수관에서 발생한 유해가스가 배수관을 통해 실내로 침입하기 때문에 이를 방지하기 위해 설치

(1) 트랩에는 물이 채워져 봉수가 되며, 봉수 깊이는 5 ~ 10 [cm] 정도로 할 것

(2) 사이펀작용이나 역압작용에 의해 봉수가 파괴될 우려가 있으므로 봉수 보호를 위해 트랩 가까이에 통기관을 세울 것

(3) 종류
　① 관트랩 : P트랩, S트랩, U트랩
　② 상자트랩 : 그리스트랩, 드럼트랩, 가솔린트랩, 벨트랩

(4) 구비조건
　① 내식성이 클 것
　② 구조가 간단할 것
　③ 봉수가 유실되지 않는 구조일 것
　④ 트랩 자신이 세정작용을 할 수 있을 것

4 통기설비

배수트랩의 봉수를 보호하여 배수관에서 발생하는 유취와 유해가스의 옥내 침입을 방지하기 위한 설비

5 통기배관방식

(1) 단관식 : 2 ~ 3층 정도 소규모 건물에 사용

(2) 복관식 : 기구수가 많고 트랩의 봉수가 없어질 기회가 많은 고층 건물에 사용
　① 개별 통기식 : 각 기구마다 통기관을 취출하는 방식
　② 루프(회로) 통기식
　　㉠ 몇 개의 기구를 모아 하나의 통기관을 통기
　　㉡ 기구수는 8개 이내로 할 것
　③ 환상 통기식
　　㉠ 회로 통기식 중 통기 수평지관을 통기주관에 연결하지 않고 신정 통기관에 연결하는 방식

ⓛ 최고층의 경우에 사용
※ 신정 통기관 : 최고층 기구 배수관 접속점에서 입상관을 연장하여 건물 밖으로 뽑아내는 방식으로 단관에서 많이 사용
※ 자연급배기식 : 급·배기통을 전용 챔버 내에 접속하여 자연통기력에 의해 급배기하는 방식

02 증기설비 설치

1 증기

(1) 포화 : 어느 일정 압력에서 공기가 더 이상 습증기를 포함할 수 없는 상태

(2) 건포화 증기 : 수분이 없는 건조된 증기(건조도 1)

(3) 습포화 증기 : 증기 속에 수분이 존재하는 증기(건조도 1 이하)

(4) 건조도 : 습증기가 포함하고 있는 기체의 비율

(5) 과열증기 : 습포화 증기를 건포화 증기로 만든 후 그 당시의 증기압력상태에서 온도만 증가시킨 증기

(6) 과열도 : 과열증기 온도와 건포화 증기 온도의 차

2 스팀트랩

드럼이나 관 속의 증기가 일부 응결하여 물이 되었을 때 자동적으로 물만 외부로 배출해주는 장치

(1) 트랩 종류
① 기계적 트랩 : 플로트식, 버킷트식
② 온도조절 트랩 : 바이메탈식, 벨로우즈식
③ 열역학적 트랩 : 오리피스식, 디스크식
※ 열동식 트랩(벨로스식 트랩) : 벨로스의 팽창, 수축작용 등을 이용하여 밸브를 개폐시키는 트랩

(2) 구비조건

 ① 유체에 대한 마찰저항이 적어야 한다.
 ② 공기빼기를 할 수 있어야 한다.
 ③ 작동이 확실해야 한다.
 ④ 내식성이 커야 한다.
 ⑤ 내구력이 있어야 한다.
 ⑥ 작동 시 소음이 적고 수격작용에 강해야 한다.
 ※ 그룹트랩핑 : 증기사용압력이 같거나 다른 여러 개의 증기사용설비의 드레인관을 하나로 묶어 한 개의 트랩으로 설치한 것

3 수격작용(워터해머)

증기계통에 응축수가 고속의 증기에 밀려 관이나 장치를 타격하는 현상

(1) 수격작용 발생원인

 ① 밸브를 급개·급폐할 때 발생하는 워터해머
 ② 증기가 급격히 응축하여 체적이 작아지는 것으로 주위의 응축수를 끌어들여 서로 부딪힐 때 발생하는 워터해머
 ③ 배관 내 빠른 유속에 따른 응축수 충돌로 인한 워터해머

(2) 수격작용 방지법

 ① 밸브를 서서히 열고 닫을 것
 ② 유속을 낮게 할 것
 ③ 배관 내 응축수를 제거할 것

03 난방방식 설비 설치

중앙난방 분류

- 직접난방 : 증기난방, 온수난방
- 간접난방 : 공기조화설비
- 방사난방 : 복사난방

1 온수난방법

온수를 방열기, 대류방열기 등에 의해 순환시켜서 방열하여 난방하는 방식

(1) 고온수식(밀폐식) : 밀폐식 팽창탱크를 설치하며 방열기와 배관의 치수가 작아지며 주철제 방열기 사용 불가(온수온도 100 ~ 150 [℃])

(2) 전온수식(개방식) : 개방형 팽창탱크를 설치하며 온수온도는 100 [℃] 이하로 제한

(3) 온수난방 장점
   ① 난방부하 변동에 따라 온도조절이 가능하다.
   ② 보일러 취급이 용이하고 소규모 주택에 적당하다.
   ③ 방열기 표면온도가 낮아서 화상의 염려가 없고 실내의 쾌감도 높다.
   ④ 증기난방에 비해 배관이 동결될 우려가 없다.
   ⑤ 연료비가 비교적 적게 든다.

(4) 온수 순환방법에 의한 분류
   ① 중력순환식 온수난방
      ㉠ 온수 온도가 저하되면 무거워지는 것을 이용하여 자연적으로 순환(밀도차 이용)
      ㉡ 보일러 설치는 최하위 방열기보다 낮은 곳에 설치
   ② 강제순환식 온수난방
      ㉠ 순환펌프 등에 의해 온수를 강제 순환시키는 방법으로 대규모 난방용

2 증기난방법

증기를 열원으로 하는 난방방식으로 라디에이터, 컨벡터 등의 방열기가 사용됨

(1) 난방방법에 따른 분류
   ① 개별난방 : 단독주택, 일반가정용 단독난방
   ② 중앙난방 : 2개 이상의 난방형식으로 증기, 온수, 열풍 등의 열매체를 통해 난방하는 대규모 난방방식

(2) 배관방식에 따른 분류
   ① 단관식
      ㉠ 증기와 응축수를 동일 관 속에 흐르게 하는 방식
      ㉡ 구배를 잘못하면 수격작용 발생

　　　　ⓒ 소규모 난방에 이용
　　　　ⓓ 방열기 밸브는 하부태핑, 공기빼기 밸브는 상부태핑에 설치
　　② 복관식
　　　　ⓐ 증기관과 응축수관을 별도로 설치하는 방식
　　　　ⓑ 방열기 밸브는 상하 어느 쪽에 설치해도 무관
　　　　ⓒ 열동식 트랩일 경우 하부태핑에 설치

(3) 증기공급방식에 따른 분류
　　① 상향순환식 : 수평주관을 보일러 바로 위에 설치하고 여기에 수직관 또는 분기관을 연결하여 윗층의 방열기에 증기를 공급하는 방식
　　② 하향순환식 : 증기수평주관을 가장 높은 층의 천장에 배관하고 이 수평주관에서 방열기에 공급하는 방식

(4) 응축수 환수방식에 따른 분류
　　① 중력환수식 : 응축수를 중력에 의해 환수하는 방식
　　② 기계환수식 : 방열기에서 응축수 탱크까지는 중력환수, 탱크에서 보일러까지는 펌프를 이용한 강제순환방식
　　③ 진공환수식 : 방열기의 설치장소에 제한을 받지 않는 환수방식으로 증기와 응축수를 진공펌프로 흡입 순환시키는 방식
　　　　ⓐ 중력, 기계 환수보다 순환속도가 빠르다.
　　　　ⓑ 구배(기울기)에 구애를 받지 않는다.
　　　　ⓒ 환수관의 관지름을 작게 할 수 있다.
　　　　ⓓ 방열량을 광범위하게 조절할 수 있다.
　　　　ⓔ 버큠브레이커를 사용하여 진공을 일정히게 유지해야 한다.

(5) 환수관 배관방식에 따른 분류
　　① 건식환수 : 환수관이 보일러 수면보다 높게 설치되어 환수되는 방식
　　　　ⓐ 환수관은 보일러 표준수위보다 650 [mm] 정도 높은 위치에 배관
　　　　ⓑ 관말에 냉각레그(냉각관)와 열동식트랩(관말트랩)을 사용하여 증기의 환수로 인한 수격작용을 방지
　　② 습식환수 : 환수관이 보일러 수면보다 낮게 설치되어 환수되는 방식
　　　　ⓐ 하트포드 접속법 : 저압증기난방의 습식환수방식
　　　　ⓑ 접속부 누수로 인한 이상감수 현상을 방지하기 위해 하트포드 접속을 해야 한다.

3 복사난방법

벽 속에 가열코일을 묻어서 그 코일 내에 온수를 보내어 그 복사열로 난방하는 것

(1) 복사난방 장점

① 실내온도가 균일하여 쾌감도가 높다.
② 공기의 대류가 적어서 공기 오염도가 적다.
③ 평균온도가 낮아서 열손실이 적다.
④ 방열기 설치가 불필요하여 바닥면 이용도가 높다.
⑤ 천장이 높은 집에 난방이 적당하다.
⑥ 동일 방열량에 대해 열손실이 대체로 적다.

(2) 복사난방 단점

① 단열재 시공이 필요하다.
② 배관을 벽 속에 매설하기 때문에 시공이 어렵다.
③ 외기 온도변화에 따른 조작이 어렵다.
④ 고장 시 발견이 어렵고 벽 표면이나 시멘모르타르 부분에 균열이 발생한다.

4 지역난방

(1) 지역난방

1개소 또는 수 개소의 보일러실에서 어떤 지역 내 건물에 증기 또는 온수를 공급하는 난방방식으로, 공장이나 병원 또는 학교, 집단, 주택 등의 난방에서 시가지 전지역에 걸쳐 난방하는 것

(2) 지역난방 장점

① 인건비가 경감
② 각 건물의 난방운전이 합리적
③ 매연이 감소
④ 각 건물에 보일러실 연돌이 필요 없으므로 건물 유효면적이 증대
⑤ 각 개의 건물에 보일러를 설치하는 경우에 비해 대규모 설비로 되어 관리도 완전히 할 수 있어 열효율이 좋고 연료비가 절감

(3) 지역난방 열매체 사용 특징

  ① 증기사용

    ㉠ 증기트랩의 고장

    ㉡ 각종 기기의 보수 관리에 노력이 많이 듦

    ㉢ 응축수 펌프가 필요

  ② 온수사용

    ㉠ 연료의 절약이 가능

    ㉡ 외기 온도변화에 따라 온수의 온도가 가감

    ㉢ 지형의 고저가 있어도 온수순환펌프에 의해 순환이 가능

    ㉣ 열용량이 커서 연속운전이 아니면 시동 시 예열부하 손실이 큼

    ㉤ 난방부하에 따라 보일러 가동이 가감

  ③ 고온수난방의 문제점

    ㉠ 높은 건물에 공급이 곤란

    ㉡ 예열시간이 길어 연료 소비량이 큼

    ㉢ 순환펌프의 용량이 커짐

    ㉣ 유황분이 많은 저질유 사용 시 저온 부식의 위험이 있음

5 전기난방

전열을 열원으로 하는 난방법의 총칭으로, 난로 형식부터 전열선을 천장, 벽 등에 매입한 복사난방 형식 등이 있음

04 난방기기

1 방열기

증기, 온수 등의 열매를 사용하여 실내 공기로 열을 방출하는 난방기기이며 주로 대류난방에 사용되는 직접난방법

(1) 방열기 표준방열량

  ① 증기 : 650 [kcal/m^{2}h]

  ② 온수 : 450 [kcal/m^{2}h]

(2) 난방부하

$$Q[kcal/h] = q[kcal/m^2h] \times EDR[m^2]$$

Q : 난방부하(kcal/h), q : 표준방열량(kcal/m²h), EDR : 상당방열면적(m²)

(3) 방열면적계산

$$방열면적 : \frac{난방부하}{방열기 방열량} \Rightarrow A = \frac{Q}{q}$$

Q : 난방부하(kcal/h), q : 방열기방열량(kcal/m²h), A : 방열면적(m²)

(4) 방열기 호칭법
   ① 주형 : (종별-높이×쪽수)
   ② 벽걸이 : (종별-형×쪽수)

종별	기호
2주형	II
3주형	III
3세주형	3
5세주형	5
벽걸이형(수직)	W-V
벽걸이형(수평)	W-H

(5) 팬코일 유닛
   ① 코일이나 송풍기, 공기 거르개 등을 하나의 케이싱에 넣어 소형의 유닛으로 만든 공기 조화장치
   ② 실내에 설치하여 냉온수 배관과 전기 배선을 하면 실내 공기의 냉각 또는 가열이 가능
   ③ 설치하는 형식에 따라 바닥에 놓는 형, 천장에 매다는 형, 벽에 묻는 형 등이 있음

05 급탕설비 설치

급탕을 필요로 하는 개소에는 세면기, 욕조, 샤워, 요리 싱크대 등이 있고, 특히 호텔이나 병원 등에서도 급탕설비는 반드시 되어 있다. 온수의 온도는 용도별로 차이가 있지만 보통 70~80[℃]의 온수를 공급하여 사용장소에서 냉수를 혼합해 적당한 온도로 용도에 맞게 사용한다.

※ 서모스탯(자동온도조절기) : 저탕식 급탕설비에서 급탕의 온도를 일정하게 유지시키기 위해 가스나 전기를 공급 또는 정지하는 것

(1) 개별식 급탕법

가스나 전기, 증기 등을 열원으로 하여 욕실이나 싱크대, 세면기 등 더운 물이 필요한 곳에 탕비기를 설치하여 짧은 배관시설에 의해 기구급탕전에 연결하여 사용하는 간단한 방법이다.

① 장점
　㉠ 배관길이가 짧아서 열손실이 적다.
　㉡ 급탕개소가 적을 때는 설비비가 싸다.
　㉢ 소규모 설비에 급탕이 용이하다.
　㉣ 필요한 장소에 간단하게 설비가 가능하다.

(2) 중앙식 급탕법

건물의 지하실 등 일정한 장소에 탕비장치를 설치하여 배관으로 사용처에 급탕하며 열원은 증기, 석탄, 중유 등이 있다.

① 직접가열식
　㉠ 보일러에서 가열된 온수를 배관을 통해 직접 세대로 공급하는 방식
　㉡ 보일러 내면에 스케일이 많이 생김
　㉢ 보일러 신축이 불균일
　㉣ 열효율면에서 경제적
　㉤ 건물 높이에 상당하는 수압이 보일러에 가해지기 때문에 고압보일러가 필요
　㉥ 급탕용 보일러, 난방용 보일러를 각각 설치
　㉦ 중·소규모 설비에 적합

② 간접가열식
　㉠ 보일러 내의 고온수나 증기를 저탕조의 가열코일을 통과시켜 물을 간접적으로 가열하여 공급하는 방식
　㉡ 보일러 내면에 스케일이 거의 끼지 않음
　㉢ 가열코일이 필요
　㉣ 저압용 보일러가 필요
　㉤ 난방용 보일러로 급탕까지 가능
　㉥ 대규모 설비에 적합

Chapter 10 습공기선도

공기 선도는 외기와 환기의 혼합비율을 공기조화기에서 처리하는 과정에 따라 실내를 희망하는 상태로 할 수 있는지 여부 또는 운전 중 실내의 변화와 공기조화 중 공기의 상태변화 등을 일목요연하게 판별할 수 있게 선도로 나타낸 것

1 i-x 선도

엔탈피와 절대습도의 양을 사교 좌표로 취해 그린 것

열수분비 : $u = \dfrac{i_2 - i_1}{x_2 - x_1} = \dfrac{di}{dx} = \dfrac{전열량의\ 변화량}{절대습도의\ 변화량}$

i_1 : 상태 1인 공기의 엔탈피(kcal/kg, kJ/kg)

i_2 : 상태 2인 공기의 엔탈피(kcal/kg, kJ/kg)

x_1 : 상태 1인 공기의 절대습도(kg/kg')

x_2 : 상태 2인 공기의 절대습도(kg/kg')

2 t-x 선도

열수분비 대신 감열비 SHF(Sensible Heat Factor)가 표시되어 상태 변화 방향을 표시하는 선도

$SHF = \dfrac{q_s}{q_s + q_L}$ (q_s : 현열량, q_L : 잠열량)

3 공기 선도의 기본 상태 변화

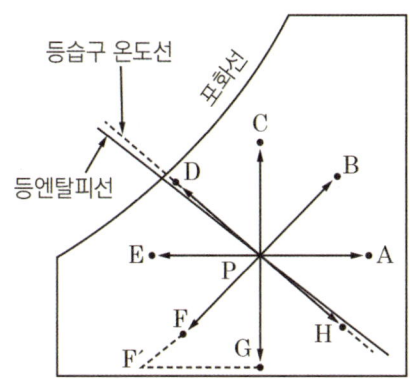

$\overrightarrow{PA}$: 가열 변화
$\overrightarrow{PB}$: 가열 가습 변화
$\overrightarrow{PB}$: 등온 가습 변화
$\overrightarrow{PD}$: 가습 냉각 변화(단열 가습)
$\overrightarrow{PE}$: 냉각 변화
$\overrightarrow{PF}$: 감습 냉각 변화
$\overrightarrow{PG}$: 등온 감습 변화
$\overrightarrow{PH}$: 가열 감습 변화

4 가열, 냉각

(1) 감열식

$$q_s = GC_p(t_2 - t_1) = G(h_2 - h_1)[kJ/h]$$

G : 질량, C_p : 비열(kJ/kg·K)

t_1, t_2 : 건구온도(℃), h_1, h_2 : 엔탈피(kJ/kg)

(2) 잠열식 : 절대습도의 변화가 없으므로 잠열이 없음

5 혼합

실내환기를 1, 실내송풍량을 Q_1, 외기를 2, 외기풍량을 Q_2라고 한다면 혼합공기 3의 온도, 습도 및 엔탈피는 다음과 같음

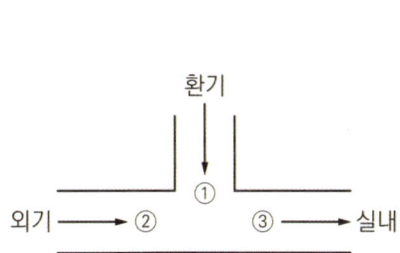
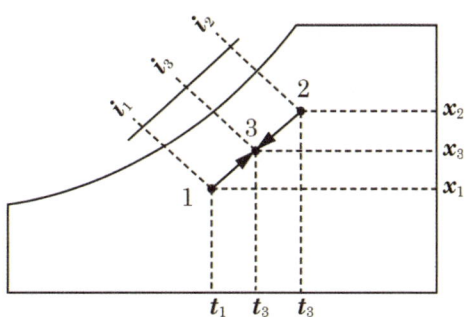

$$t_3 = \frac{t_1 Q_1 + t_2 Q_2}{Q_1 + Q_2} \qquad x_3 = \frac{x_1 Q_1 + x_2 Q_2}{Q_1 + Q_2} \qquad i_3 = \frac{i_1 Q_1 + i_2 Q_2}{Q_1 + Q_2}$$

6 가습, 감습

(1) 수분량

$$L = G(x_2 - x_1)[kg/h]$$

(2) 잠열량

$$q = G(i_2 - i_1)$$
$$= Q \times 1.2 \times 2500.9(x_2 - x_1)[kJ/h]$$

L : 가습량(kg/h)
G : 공기량(kg/h)
Q : 풍량(m³/h)
x : 절대습도(kg/kg')

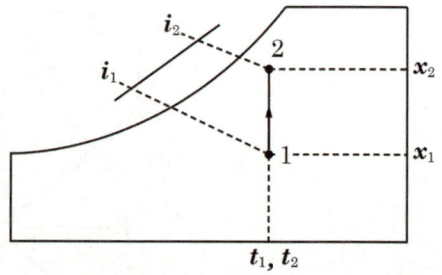

7 가열, 가습

(1) 전열량

$$q_T = q_s + q_L = G(i_2 - i_1)$$
$$= G(i_3 - i_1) + G(i_2 - i_3)$$
$$= GC_p(t_2 - t_1) + GR(x_2 - x_1)$$

(2) 가습량

$$L = G(x_2 - x_1)$$

q_T : 전열량(kJ/h)
q_s : 감열량(kJ/h)
q_L : 잠열량(kJ/h)
x : 절대습도(kg/kg')
G : 공기량(kg/h)
L : 가습량(kg/h)
R : 물의 증발잠열(kJ/kg) (0 [°C] 물의 증발잠열 : 2500.9 [kJ/kg])

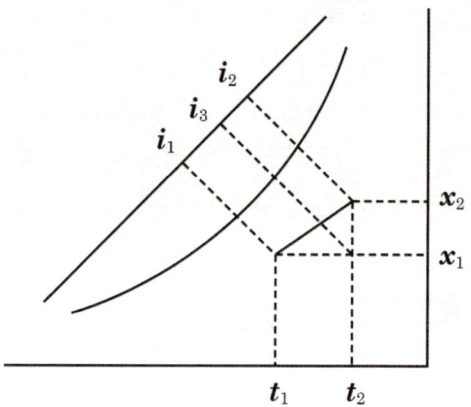

8 장치의 노점온도와 바이패스 팩터

①→③의 상태로 냉각하는 경우 냉각코일의 노점온도는 선분 ①, ③의 연장선에서 포화곡선과 만나는 점 ②가 노점온도가 되고, 여기서 BF는 ③에서 ②의 상태이고 CF(Contact Factor)는 ①에서 ③의 상태이다.

(1) $BF = \dfrac{t_3 - t_2}{t_1 - t_2} = \dfrac{h_3 - h_2}{h_1 - h_2} = \dfrac{x_3 - x_2}{x_1 - x_2}$

(2) $CF = \dfrac{t_1 - t_3}{t_1 - t_2}$

(3) 바이패스팩터(BF) = 1 - 콘택트팩터
$\qquad\qquad\quad = 1 - CF$

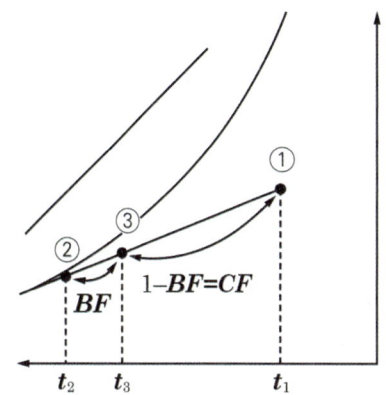

Chapter 10. 습공기선도

Chapter 11 덕트

1 동압과 정압

덕트 내의 공기가 흐를 때 에너지 보존법칙에 의해 베르누이의 정리가 성립

$$p_1 + \frac{v_1^2}{2g}\gamma = p_2 + \frac{v_2^2}{2g}\gamma + \triangle p$$

γ : 공기의 비중량(kg/m³), g : 중력가속도(m/s²)

p, v : 덕트 내의 임의의 점에 있어서의 압력 및 공기의 속도

$\triangle p$: 공기가 2점 간을 흐르는 동안 생기는 압력손실(kg/m²)

(p_s : 정압, $\frac{v^2}{2g}\gamma$: 동압, $p_s + \frac{v^2}{2g}\gamma$: 전압)

2 덕트 연속법칙

$A_1 v_1 \gamma_1 = A_2 v_2 \gamma_2$

A : 관의 단면적(m²), γ : 유체의 비중량(kg/m³), v : 유속(m/s)

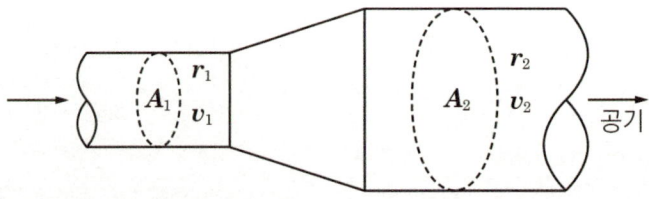

※ 각 단면을 흐르는 유체의 질량은 동일하다.

3 마찰저항과 국부저항

(1) 직관형 덕트의 마찰저항

$$\triangle p_f = \lambda \frac{l}{d} \frac{v^2}{2g} \gamma$$

λ : 마찰계수, l : 덕트길이(m), d : 덕트지름(m)
γ : 공기 비중량(kg/m³), v : 풍속(m/s)

(2) 애스펙트비

애스펙트비 $\frac{a}{b} = \frac{장변}{단변}$ 는 가능한 4:1 이하로 제한하며 최대 8:1 이상이 되지 않을 것

(3) 원형덕트와 장방형 덕트의 환산식

$$d_e = 1.3 \left[\frac{(ab)^5}{(a+b)^2} \right]^{\frac{1}{8}}$$

d_e 장방형 덕트의 상당지름(원형 덕트 지름), a : 장변, b : 단변

4 덕트 설계 시 주의사항

(1) 덕트 풍속은 15 [m/s] 이하, 정압 50 [mmAq] 이하의 저속덕트를 이용해 소음을 줄일 것
(2) 종횡비는 최대 8 : 1 이하로 하고 가능한 4 : 1 이하로 하며, 2 : 1을 표준으로 할 것
(3) 압력손실이 적은 덕트를 이용하고, 확대각도는 20° 이하, 축소각도는 45° 이하로 할 것
(4) 덕트가 분기되는 지점은 댐퍼를 설치하여 압력 평행을 유지시킬 것
(5) 재료는 아연도금철판, 알루미늄판 등을 이용하여 마찰저항손실을 줄일 것

5 환기 설비

(1) 환기량

$$q = Q_o \times 1.2 \times C_p (t_r - t_o)$$

$$\therefore Q_o = \frac{q}{1.2 C_p (t_r - t_o)}$$

q : 실내열량(kJ/h), t_r : 실내온도(°C), t_o : 외기온도(°C)
Q_o : 환기량(m³/h), C_p : 공기정압비열(kJ/kg·K)

(2) 변압기 열량

$$q_T = (1-\eta_T) \times \phi \times KVA \times 860 \, [kcal/h]$$

$$= (1-\eta_T) \times \phi \times KVA \times 3600 \, [kJ/h]$$

ϕ : 역률, KVA : 용량, η_T : 변압기 효율

6 흡입기류 성질

(1) 바닥에 설치하는 머시룸 등은 바닥 먼지류를 함께 흡입하므로 공기를 환기로 재이용하는 경우 바람직하지 못함

(2) 실내의 흡입구는 거주구역 가까이 설치할 때는 흡입구에서 발생하는 소음 문제와 풍속이 너무 빠르면 드래프트를 느끼게 되므로 흡입풍속을 너무 크지 않도록 할 것

(3) 흡입구의 설치 위치는 실내의 천장, 벽면 등이 많으나 출입문, 벽면에 그릴 또는 언더컷을 설치하여 복도를 걸쳐 흡입하는 경우도 있음

7 토출기류 성질과 토출풍속

(1) $Q_1 V_1 = (Q_1 + Q_2) V_2$

Q_1 : 토출공기량(m³/s), Q_2 : 유인공기량(m³/s)

V_1 : 토출풍속(m/s), V_2 : 혼합공기의 풍속(m/s)

(2) 도달거리 : 토출구에서 토출기류의 풍속이 0.25 [m/s]로 되는 위치까지의 거리

(3) 최대강하거리 : 냉풍 및 온풍을 토출할 때 토출구에서 도달거리에 도달하는 동안 일어나는 기류의 강하 및 상승을 말하며, 이를 강하도 및 최대상승거리 또는 상승도라고 함

(4) 유인비 : 토출공기(1차 공기)량에 대한 혼합공기(1차 공기 + 2차 공기)량의 비

$$\frac{Q_1 + Q_2}{Q_1}$$

8 실내기류 분포

(1) 실내기류와 쾌적감 : 공기조화를 행하고 있는 실내에서 거주자의 쾌적감은 실내공기의 온도, 습도 및 기류에 의해 좌우되며, 일반적으로 바닥면에서 높이 1.8 [m] 정도까지의 거주구역의 상태가 쾌적감을 좌우함

(2) 공기확산 성능계수 : 쾌적감을 주는 범위 내에 있는 측정점수를 전 측정점수에 대한 비로 나타낸 것

(3) 드래프트 : 습도와 복사가 일정한 경우에 실내기류와 온도에 따라서 인체의 어떤 부위에 차가움이나 과도한 뜨거움을 느끼는 것

(4) 콜드 드래프트 : 겨울철 외기 또는 외벽면을 따라서 존재하는 냉기가 토출기류에 의해 밀려 내려와서 바닥면을 따라 거주구역으로 흘러들어오는 것

　※ 콜드 드래프트 원인
　　① 인체 주위의 기류속도가 클 때
　　② 주위 공기의 습도가 낮을 때
　　③ 인체 주위의 공기온도가 너무 낮을 때
　　④ 주위 벽면의 온도가 낮을 때
　　⑤ 겨울철 창문의 틈새를 통한 극간풍이 많을 때

Chapter 12 배관재료 및 공작

01 배관재료

1 관의 종류와 용도

(1) 스케줄 번호(SCH)

$$SCH = 10 \times \frac{P}{S} \ [P : 사용압력(kg/cm^2), \ S : 허용응력(kg/mm^2 : 인장강도/안전율)]$$

(2) 강관의 종류와 용도

① 배관용 탄소강관 : SPP
② 압력 배관용 탄소강관 : SPPS
③ 고압 배관용 탄소강관 : SPPH
④ 고온 배관용 탄소강관 : SPHT
⑤ 배관용 합금강관 : SPA
⑥ 저온 배관용 탄소강관 : SPLT
⑦ 수도용 아연도금 강관 : SPPW
⑧ 배관용 아크용접 탄소강 강관 : SPW
⑨ 배관용 스테인리스강 강관 : STS×TP
⑩ 보일러 열교환기용 탄소강 강관 : STH
⑪ 수도용 도복장 강관 : STPW
⑫ 보일러 열교환기용 합금 강관 : STHA
⑬ 저온 열교환기용 강관 : STLT
⑭ 일반 구조용 탄소강 강관 : SPS
⑮ 기계 구조용 탄소강 강관 : STKM
⑯ 구조용 합금 강관 : STA

2 주철관

급수관, 배수관, 통기관, 케이블 매설관, 오수관 등에 사용되며, 일반 주철관, 고급 주철관, 구상 흑연 주철관 등이 있음

※ 특징
① 내구력이 큼
② 내식성이 강해 지중 매설용으로 적합
③ 재래식에서 덕타일 주철관으로 전환

3 밸브

(1) 게이트 밸브 : 구조상 퇴적물이 체류하지 않으며, 유체의 차단을 주목적으로 일반 배관용으로 가장 많이 사용

(2) 글로브 밸브 : 구조상 유량조절용으로 사용되는 밸브

(3) 앵글 밸브 : 스톱 밸브라고도 하며 출입 유체의 방향이 90°가 되는 밸브

(4) 콕 : 원뿔형 콕을 90° 회전시켜 유체의 흐름을 차단하고 유량을 정지 시킨다.
각도가 0 ~ 90° 사이의 각도만큼 회전사면서 유량을 조절하며 가장 신속히 개폐 가능

(5) 체크 밸브 : 유체를 한 방향으로 유동시키고 보일러 급수배관에서 급수의 역류를 방지하기 위한 밸브

(6) 감압 밸브 : 저압측의 압력을 일정하게 유지시켜주는 밸브

(7) 버터플라이 밸브 : 나비형 밸브로 원통형의 몸체 속에서 밸브 스템을 축으로 하여 원판이 회전함으로써 개폐를 행하는 밸브

(8) 슬루스 밸브 : 게이트 밸브라고도 하며 유체의 흐름을 단속하는 밸브로서 배관용으로 많이 사용

(9) 구멍이 뚫리고 활동하는 공 모양의 몸체가 있는 밸브로 비교적 소형이며, 핸들을 90°로 움직여 개폐하므로 개폐시간이 짧아 가스 배관에 많이 사용

(10) 다이어프램 밸브 : 산 등의 화학약품을 차단하는 경우에 내약품, 내열 고무제의 다이어프램을 밸브 시트에 밀착시키는 것으로 유체 흐름에 대한 저항이 작아 기밀용으로 사용

4 트랩

(1) 증기 트랩

증기계통이나 증기관 방열기 등에서 고인 응축수(드레인)를 연속 응축수 탱크로 배출시키는 기구
① 기계적 트랩 : 플로트식, 버킷트식
② 온도조절 트랩 : 바이메탈식, 벨로우즈식
③ 열역학적 트랩 : 오리피스식, 디스크식

(2) 관 트랩

① P 및 S 트랩 : 세면기나 대소변기 위생도기용
② U(메인) 트랩 : 옥내 배수 수평주관에 설치하고 가스의 역류 방지

(3) 상자 트랩

① 그리스 트랩
② 가솔린 트랩
③ 벨 트랩
④ 드럼 트랩

5 트랩 구비조건

(1) 구조가 간단할 것

(2) 내식성이 클 것

(3) 트랩 자신이 세정작용을 할 수 있을 것

(4) 봉수가 유실되지 않는 구조일 것

6 스트레이너

배관 속 먼지, 흙, 모래 등을 제거하기 위한 부속품으로 수량계, 펌프 등을 보호

(1) Y형, U형, V형이 있음

(2) 중요한 기기의 앞쪽에 장착

(3) 유체흐름의 방향에 따라 장착

7 서포트

관을 밑에서 지지하는 것

(1) 리지드 서포트 : 수직방향 변위가 없는 곳에 사용

(2) 스프링 서포트 : 스프링에 의해 관의 하중에 따라 상하 이동을 허용하는 지지 장치

(3) 파이프 슈 : 관에 직접 접속하여 지지하는 장치

(4) 롤러 서포트 : 관의 축방향 이동을 자유롭게 하기 위해 롤러를 이용해 지지하는 장치

8 행거

관을 천장에 걸어 지지하게 하는 장치

(1) 리지드 행거 : 상하방향 변위가 없는 곳에 사용

(2) 스프링 행거 : 턴 버클 대신 스프링을 사용한 것으로 충격, 진동 등을 흡수

(3) 콘스탄트 행거 : 배관의 상하 이동을 어느 정도 허용하는 구조로 만들어 관의 지지력을 일정하게 한 것으로 중추식과 스프링식이 있다.

9 리스트레인트

열팽창 및 중력에 의한 힘 이외의 외력에 의한 배선이동을 제한하는 장치

(1) 앵커 : 관의 이동 및 회전을 방지하기 위해 지지점에 완전히 고정하는 장치로 진동이 심한 곳에 사용

(2) 스톱 : 배관의 일정한 방향과 회전만 구속하고 다른 방향은 자유롭게 이동하는 장치

(3) 가이드 : 배관의 축방향 이동을 안내하고 직각 방향 운동을 구속하는 데 사용

10 브레이스

펌프, 압축기 등에서 발생하는 진동, 서징, 수격작용, 지진 등에 의한 진동, 충격 등을 완화하는 완충기(방진기)가 있음

(1) 스프링식 : 온도가 높지 않은 배관에 사용

(2) 유압식 : 규모가 대형인 배관에 사용

11 관 지지 필요 조건

(1) 밸브류나 장치가 있는 경우 장치 가까이에 지지

(2) 외부에서의 진동과 충격에 대해 견고할 것

(3) 배관 시공에 있어서 구배의 조정이 간단하게 될 수 있는 구조일 것

(4) 관의지지 간격에 적당할 것

(5) 가능한 기존의 보를 이용하여 적정 간격을 유지하며 휘거나 쳐지지 않도록 할 것

(6) 온도 변화에 따른 관의 신축에 대해 대응이 가능할 것

12 보온 및 단열재

물체의 보온성은 주로 내부에 있는 거품이나 기류층의 상태와 그 양 등에 의해 달라지며, 화학 성분과는 거의 관계가 없다. 보온 효과는 내열도에 의해 저온(100 [℃] 이하), 중온(100 ~ 400 [℃]), 고온(400 [℃])용으로 나뉘어지며, 저온용 보온 재료에는 코르크, 펠트, 목재의 코크스 등이 있고, 고온용 보온 재료에는 석면, 규조토, 광재면, 유리면, 운모 등이 있다

(1) 유기질 보온재
  ① 코르크
    ㉠ 액체 및 기체를 쉽게 침투시키지 않아 보냉·보온재로 우수
    ㉡ 냉수, 냉매 배관, 냉각기, 펌프 등의 보냉용에 주로 사용
    ㉢ 판형, 원통형의 모형으로 압축해서 300 [℃]로 가열하여 만든 것으로 굽힘성이 없어 곡면 시공에 사용하면 균열이 생김
  ② 기포성 수지
    ㉠ 굽힘성이 풍부하며 불연소성이 있고 경량
    ㉡ 보랭재로 우수
    ㉢ 열전도율, 흡수성이 작음
    ㉣ 합성수지 또는 고무질 재료를 사용하여 다공질 제품으로 만든 것
  ③ 펠트
    ㉠ 양모 펠트와 우모 펠트가 있음
    ㉡ 곡면의 시공에 편리하게 쓰임
    ㉢ 동물성 펠트는 100 [℃] 이하에 사용

ⓔ 안전 사용온도 : 100 [℃] 이하
ⓜ 아스팔트를 방습한 것은 -60 [℃]까지의 보냉용에 사용 가능

④ 텍스류
㉠ 톱밥, 목재, 펄프를 원료로 해서 압축판 모양으로 제작
㉡ 실내벽, 천장 등의 보온 및 방음에 사용

(2) 무기질 보온재
① 석면
㉠ 아스베스토스가 주원료로 온석면, 청석면, 투각섬 석면, 직섬 석면의 4종류가 있는데 선박과 같이 진동이 심한 곳에 사용되며 450 [℃] 이하의 파이프, 탱크, 노벽 등에 보온재로 쓰임
㉡ 800 [℃] 정도에서 강도와 보온성이 감소
㉢ 석면은 사용 중에 부서지거나 뭉그러지지 않으며 곡관부와 플랜지 등의 보온재로 많이 사용

② 암면
㉠ 주원료는 슬래그이며 성분 조정용으로 안산암, 현무암, 미분암, 감람암에 석회석을 섞어 용융하여 섬유 모양으로 만든 것
㉡ 석면에 비해 섬유가 거칠고 굳어서 부서지기 쉬운 결점이 있음

③ 규조토
㉠ 광물질의 잔해 퇴적물로 좋은 것은 순백색이고 부드러우나 일반적으로 사용되고 있는 것은 불순물을 함유하고 있어 황색이나 회녹색을 띠고 있음
㉡ 단독으로 성형할 수 없고 점토 또는 탄산마그네슘을 가하여 형틀에 압축
㉢ 단열효과가 떨어지므로 두껍게 시공해야 하는데, 석면 사용 시 500 [℃] 이하이 파이프, 탱크, 노벽 등의 보온에 사용

④ 탄산마그네슘
㉠ 염기성 탄산마그네슘 85 [%], 석면 15 [%]를 배합한 것으로 물에 개어 사용하는 보온재
㉡ 석면 혼합 비율에 따라 열전도율이 좌우되고 300 ~ 320 [℃]에서 열분해

⑤ 유리 섬유
• 사용 방법은 암면과 같으며 300 [℃] 이하의 보온·보냉용에 사용

⑥ 슬래그 섬유
• 제철할 때 생기는 용광로의 슬래그를 용융하여 압축공기를 분사해서 섬유 모양으로 만들어 암면과 같은 용도로 사용

⑦ 보온 시멘트
- 석면, 암면, 점토, 기타 화학 접착제를 가해서 혼합물에 개어 사용

⑧ 규산칼슘
  ㉠ 규산과 석회를 수중에서 처리할 때 생성되는 규산칼슘 수화물을 의미하는 것
  ㉡ 상온에서는 반응하지 않으므로 규조토, 규사 등의 규산질 원료와 석회질 원료 및 석면을 혼합·가열하여 겔화한 것을 수열합성한 것
  ㉢ 밀도와 기계적 강도는 다른 고온용 보온재에 비해 우수

02 배관공작

1 강관 공작용 공구

(1) 파이프 바이스 : 관의 절단과 나사절삭 및 조합 시 관을 고정시키는 데 사용

(2) 파이프 커터 : 관을 절단할 때 사용

(3) 파이프 리머 : 관 절단 후 생긴 거스러미 제거

(4) 파이프 렌치 : 파이프 또는 이음쇠의 나사이음 분해 조립 시 파이프 등을 회전

(5) 나사 절삭기 : 수동으로 나사를 절삭할 때 사용

2 주철관용 공구

(1) 납 용해용 공구세트 : 파이어 포트, 납국용 국자, 산화납 제거기 등

(2) 클립 : 소켓접합 시 용해된 납물의 비산 방지

(3) 링크형 파이프 커터 : 주철관 절단 전용 공구

(4) 고킹 정 : 소켓접합 시 다지기를 할 때 사용하는 공구

3 동관용 공구

(1) 사이징 툴 : 동관의 끝 부분을 진원으로 정형하는 공구

(2) 플레어링 툴 : 동관의 끝을 나팔형으로 만들어 압축 이음 시 사용하는 공구

(3) 굴관기 : 동관의 전용 굽힘 공구

(4) 확관기 : 동관 끝의 확관용 공구(익스팬더)

(5) 파이프 커터 : 동관의 전용 절단 공구

(6) 티뽑기 : 직관에서 분기관 성형 시 사용하는 공구

(7) 리머 : 파이프 절단 후 파이프 가장자리 거스러미 등을 제거

4 연관용 공구

(1) 봄볼 : 연관을 뽑아서 구멍을 뚫을 때

(2) 드레서 : 연관표면의 산화물 제거

(3) 턴핀 : 연관 끝을 넓힐 때

(4) 벤드벤 : 연관에 끼워 관을 굽히거나 펼 때

(5) 맬릿 : 나무해머

5 관의 접합

(1) 강관 접합 : 나사 접합, 용접 접합, 플랜지 접합

(2) 동관 접합 : 플레어 접합, 납땜 접합, 용접 접합, 플랜지 접합

(3) 주철관 접합 : 소켓 접합, 기계적 접합, 플랜지 접합

(4) 연관의 접합 : 플라스턴 접합, 살붙임납땜 접합

(5) 염화비닐관 접합 : 냉간 접합법, 열간 접합법, 기계적 접합법

(6) 폴리에틸렌 접합 : 융착슬리브 접합, 테이퍼조인트 접합, 인서트조인트 접합

6 관 절단용 공구

(1) 쇠톱 : 다양한 두께의 금속을 자르는 데 사용하는 테가 있는 손 톱

(2) 기계톱 : 금속의 얇은 판 가장자리에 작은 절삭날이 많이 붙은 톱날을 기계적으로 움직여서 금속이나 목재 등을 절단·절개하는 공작기계

(3) 고속 숫돌절단기 : 얇은 숫돌차를 회전시켜 재료를 절단하는 기계

(4) 띠톱기계 : 띠 모양의 톱을 회전시켜 재료를 절단하는 공작기계

(5) 가스절단기 : 산·수소 불꽃, 산소 아세틸렌 불꽃 등을 써서 강재를 절단하는 장치

(6) 강관절단기 : 강관의 절단만 할 수 있는 공구

7 공구 취급 안전관리 일반사항

(1) 작업에 가장 알맞은 것인가, 불편한 점은 없는지 충분히 검토

(2) 결함이 없는 완전한 공구 사용

(3) 공구는 반드시 사용 전에 점검

(4) 손이나 공구에 기름이 묻어 있으면 미끄러져 놓치기 쉬우므로 잘 닦아낼 것

(5) 올바른 사용법을 익힌 다음에 사용할 것

(6) 본래의 용도 이외에는 절대로 사용하지 않을 것

(7) 사용하는 공구를 기계, 재료, 제품 등 떨어지기 쉬운 곳에는 놓지 않도록 할 것

(8) 예리한 물건을 다룰 때에는 장갑을 낄 것

(9) 미끄럽거나 안전하지 않은 신을 신고 작업하지 않을 것

(10) 공구는 손으로 넘겨주거나 절대로 던져서는 안 될 것

(11) 공구함 등에 정리하면서 사용할 것

(12) 불량 공구는 공구계에 반납하고 함부로 수리하지 않을 것

(13) 항상 작업 주위환경에 주의를 기울이면서 작업할 것

(14) 공구는 항상 일정한 장소에 비치할 것

8 전동공구

전동공구는 전문가를 위한 필수적인 요소이다. 전동공구는 사용자가 시간을 절약하고 작업을 더욱 쉽게 할 수 있도록 도와주기 때문에 사람들이 좋아한다. 하지만 조작은 조심스럽게 해야 한다. 그렇지 않으면 부상을 당할 수 있기 때문이다. 사고는 대부분 과실, 나태 및 과신으로 인해 발생한다.

(1) 눈 보호

보호 안경은 먼지, 부스러기, 톱밥 및 다른 물질이 눈에 들어가는 것을 방지하며 가장 기본적인 안전 장비

(2) 귀 보호

귀마개는 특히 폐쇄된 환경에서 귀가 손상되는 것을 최소화하기 위해 착용할 것

(3) 작업에 적합한 공구 알기

① 작업에 적합한 공구를 사용해야 부상을 방지하고 재료에 손상을 가하지 않음
② 장비와 함께 제공된 설명서를 반드시 잘 읽어보고 권장된 안전 예방수칙에 익숙해질 것

(4) 전동공구의 정확한 사용

① 공구는 코드가 연결된 상태로는 옮겨서는 안되며 사용하지 않을 때는 반드시 코드를 분리할 것
② 조작하는 동안 공구가 전원에 연결되어 있을 때 손가락이 On/Off 스위치에 접촉하지 않도록 할 것

(5) 정확한 작업복 착용

① 긴 머리카락을 묶고 느슨한 옷은 피할 것
② 작업복은 몸 전체를 덮어야 하고 날카로운 도구 또는 조각에 의해 부상을 입지 않도록 무거운 장갑을 착용할 것
③ 작업 중에는 유해한 미세입자의 흡입을 방지하기 위해 마스크를 착용할 것
④ 앞 발가락 부분이 강철로 제작된 작업신발과 단단한 안전모는 발과 머리에 부상을 당하는 것을 방지해 줌

(6) 정기적인 공구 검사

① 전동공구는 절대로 젖은 상태에서는 사용해서 안되며 노출된 와이어, 손상된 플러그 및 느슨한 플러그 핀이 있는지 정기적으로 점검할 것
② 손상된 코트는 반드시 교환해야 하며 사용할 때 소리나 느낌이 다르거나 손상된 공구는 점검하여 수리할 것

(7) 작업장 청소
　① 축적된 먼지 입자는 스파크로 점화할 수 있으며 가연성 액체는 밀봉하여 작업장에서 떨어져서 보관할 것
　② 정리된 작업장에서는 전동공구를 더 쉽게 작동시킬 수 있어 사고를 방지해줌

(8) 그 밖의 예방책
　① 각도절단기를 사용할 때 퀵 릴리스 클램프를 사용하고, 테이블 톱을 사용할 때는 목재 푸시-쓰루를 사용할 것
　② 네일 건 또는 파워 벨트 샌더를 사용할 때에는 더욱 더 많은 주의를 기울일 것

(9) 정확한 보관
　• 전동공구는 사용 후 인증되지 않았거나 자격이 없는 사람이 이를 사용하는 것을 방지하기 위해 따로 보관할 것

(10) 조명
　• 전동공구로 작업하는 중에 특히 빛이 충분하지 않을 수 있는 지하실 또는 차고에서 작업할 때 적절하게 조명을 사용하는 것이 중요

9 각종 공구의 취급

(1) 연삭 작업
　① 안전커버를 떼고 작업하지 않을 것
　② 숫돌바퀴에 균열이 있는지 확인할 것
　③ 숫돌차의 과속회전은 파괴의 원인이 되므로 유의할 것
　④ 숫돌차의 표면이 심하게 변형된 것은 반드시 수정할 것
　⑤ 받침대는 숫돌차의 중심선보다 낮게 하지 않을 것
　⑥ 숫돌차의 주면과 받침대와의 간격은 3 [mm] 이내로 유지할 것
　⑦ 숫돌바퀴가 안전하게 끼워졌는지 확인할 것
　⑧ 플랜지의 조임 너트를 정확히 조일 것
　⑨ 숫돌차의 측면에서 서서히 연삭해야 하고 숫돌바퀴의 구멍과 축과의 틈새는 0.05 ~ 0.15 [mm] 정도로 할 것
　⑩ 작업 시작 전에 1분 이상 공회전시킨 후 정상 회전속도에서 연삭할 것(숫돌 교체 시 3분 이상 시운전 할 것)
　⑪ 회전하는 숫돌에 손을 대지 않을 것
　⑫ 작업 완료 시나 잠시 자리를 뜰 때에는 반드시 스위치를 끌 것

⑬ 플랜지는 반드시 숫돌차 지름의 1/3 이상이 되는 것을 사용하되 양쪽 모두 같은 크기로 할 것

(2) 드라이버 작업
① 대가 구부러졌거나 끝이 무딘 것은 사용하지 않을 것
② 자루가 망가졌거나 안전하지 않을 것은 사용하지 않을 것
③ 나사를 죌 때 날끝이 미끄러지지 않게 수직으로 대고 한 손으로 가볍게 잡고 작업할 것
④ 드라이버의 날끝은 편평한 것이어야 하고 이가 빠지거나 둥글게 된 것은 사용하지 않을 것
⑤ 드라이버 날 끝에 용도에 맞는 것을 사용할 것

(3) 정 작업
① 정의 머리가 둥글게 된 것이나 찌그러진 것은 사용하지 않을 것
② 칩이 끊어져 나갈 무렵에는 힘을 빼고 서서히 때릴 것
③ 표면의 단단한 열처리 부분은 정으로 깎지 않을 것
④ 철재를 절단할 때에는 철편이 튀는 방향에 주의하며, 끝날 무렵에는 힘을 빼고 천천히 쳐서 끝낼 것
⑤ 기름이 묻은 정은 사용하지 않으며, 보호안경을 쓸 것
⑥ 처음에는 가볍게 때리고 점차 타격을 가할 것

(4) 줄 작업
① 줄 작업의 높이는 작업자의 팔꿈치 높이로 할 것
② 작업 자세는 허리를 낮추고 몸의 안정을 유지하며 전신을 이용할 것
③ 줄질에서 생긴 가루는 입으로 불지 않을 것
④ 줄은 다른 용도로 사용하지 않을 것
⑤ 손잡이가 빠졌을 때에는 주의해서 잘 꽂아 사용할 것
⑥ 줄로 다른 물체를 두들기지 않을 것
⑦ 칩은 브러시로 제거할 것
⑧ 줄의 균열 유무를 확인할 것
⑨ 줄은 손잡이가 정상인 것만 사용할 것
⑩ 땜질한 줄은 사용하지 않을 것

(5) 렌치 또는 스패너 작업
① 스패너에 너트를 깊이 물리고 조금씩 앞으로 당기는 방법으로 풀고 조일 것
② 가급적 손잡이가 긴 것을 사용할 것
③ 너트에 맞는 것을 사용할 것

④ 스패너와 너트 두 개를 연결하여 사용하지 않을 것
⑤ 무리하게 힘을 주지 않고 조심스럽게 사용할 것
⑥ 스패너가 벗겨졌을 때를 대비하여 주위를 살필 것

(6) 망치(해머)작업
① 사용 중에도 자주 망치의 상태를 살필 것
② 망치를 휘두르기 전에는 반드시 주위를 살필 것
③ 사용할 때 처음과 마지막에 힘을 너무 가하지 않을 것
④ 장갑을 낀 손이나 기름이 묻은 손으로 작업하지 않을 것
⑤ 손잡이에 금이 갔거나 망치의 머리가 손상된 것은 사용하지 않을 것
⑥ 열처리된 것을 망치로 때리면 튀기 쉽고 부러지기 때문에 때리지 않을 것
⑦ 망치의 공동 작업 시에는 호흡에 맞출 것
⑧ 재료나 물체의 요철이나 경사진 면은 특히 주의할 것
⑨ 망치 자루는 전문적인 기술자가 교환할 것
⑩ 좁은 곳이나 발판이 불안한 곳에서 망치 작업을 하지 않을 것
⑪ 불꽃이 생기거나 파편이 생길 수 있는 작업은 반드시 보호안경을 쓸 것

(7) 드릴 작업
① 옷소매가 늘어지거나 머리카락이 긴 채로 작업하지 않을 것
② 시동 전에 드릴이 올바르게 고정되어 있는지 확인할 것
③ 장갑을 끼고 작업하지 않을 것
④ 드릴을 끼운 후에는 척렌치를 뺄 것
⑤ 얇은 판에 구멍을 뚫을 때에는 나무판을 밑에 받치고 구멍을 뚫을 것
⑥ 작은 구멍을 먼저 뚫은 다음 큰 구멍을 뚫을 것
⑦ 가공 중 드릴 끝이 마모되어 이상음 발생 시에는 드릴을 연마하거나 교체해서 사용할 것
⑧ 전기드릴을 사용할 때 반드시 접지시킬 것
⑨ 드릴 회전 중에는 칩을 입으로 불거나 손으로 털지 않을 것

(8) 쇠톱 작업
① 얇은 판을 절단할 때에는 목재 사이에 얇은 판을 끼워 틈을 30° 정도 경사시켜 절단할 것
② 톱에 힘을 가할 때에는 천천히 고르게 할 것
③ 톱날은 잘 부러지지 않는 탄력성 있는 톱날을 쓸 것
④ 톱날을 틀에 정치하고 2~3회 사용한 후 재조정하고 작업할 것
⑤ 쇠톱의 손잡이와 틀의 선단을 견고하게 잡고 똑바로 작업할 것

10 관이음

(1) 나사 접합

    ① 관의 방향을 바꿀 때 : 엘보, 벤드 사용
    ② 배관을 분기할 때 : 티, 와이, 크로스 사용
    ③ 동경의 관을 직선 연결할 때 : 소켓, 유니언, 플랜지 니플 사용
    ④ 이경관을 연결할 때 : 이경엘보, 이경소켓, 이경티, 부싱 사용
    ⑤ 관의 끝을 막을 때 : 캡, 플러그 사용
    ⑥ 관의 분해 수리 교체가 필요할 때 : 유니언, 플랜지 사용

(2) 용접 접합

    ① 방법 : 가스 용접, 전기 용접
    ② 종류 : 맞대기 이음, 슬리브 이음, 플랜지 용접 이음
    ③ 누수가 없고 관지름의 변화가 없음
    ④ 장점
        ㉠ 유체의 저항 손실이 적음
        ㉡ 보온 피복 시공이 용이
        ㉢ 중량이 가벼움
        ㉣ 접합부의 강도가 강하며 누수의 염려도 없음
        ㉤ 시설유지 보수비가 절감

(3) 플랜지접합

    ① 압력이 높은 경우
    ② 분해할 필요성이 있는 경우
    ③ 관지름이 큰 경우
    ④ 밸브, 펌프, 열교환기, 압축기 등의 각종 기기 접속 시
    ⑤ 부착 방법 : 용접식, 나사식

(4) 벤딩

    ① 곡률 반지름 : 관지름의 3 ~ 6배 이상으로 하며, 6배 이상 시에는 마찰저항이 적음
    ② 벤딩 산출길이

$$L = l_1 + l_2 + l \quad (l = \pi D \frac{\theta}{360} = 2\pi R \frac{\theta}{360})$$

    ③ 직선길이 산출

$$L = l + 2(A+a), \quad l = L - 2(A-a), \quad l' = L - (A-a)$$

④ 빗변길이 산출

$$L = \sqrt{l_1^2 + l_2^2}$$

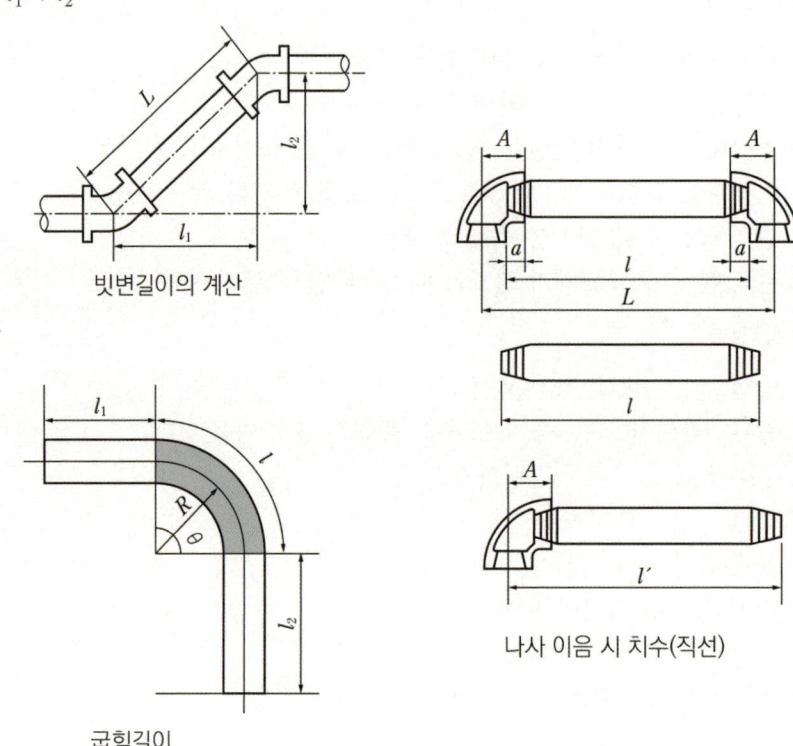

빗변길이의 계산

굽힘길이

나사 이음 시 치수(직선)

11 신축이음

신축이음은 열응력에 의한 신축팽창을 흡수하기 위해 설치한다.

(1) 슬리브형이음(미끄럼형) : 압력이 5 [kg/cm^2], 10 [kg/cm^2] 용의 두 가지가 있으며 저압증기 및 온수배관의 신축이음에 적합하다.

(2) 벨로스형이음(주름통식) : 온도에 따라 일어나는 관의 신축이음쇠를 벨로즈의 변형에 의해 흡수시키는 형식으로 증기관에 널리 사용되며 응력흡수가 용이한 이음방식이다.

(3) 스위블형이음 : 2개 이상의 엘보를 사용하여 나사의 회전에 의해 신축이 흡수되며 저압의 증기 및 온수난방에 사용된다.

(4) 루프형이음 : 신축곡관이라고도 하며 그 휨에 의해 배관의 신축을 흡수하는 형식으로 주로 고압증기 옥외배관에 많이 사용된다. 설치장소를 많이 차지한다는 단점이 있다.

12 신축 흡수량 및 강도 순서

루프형 > 슬리브형 > 밸로스형 > 스위블형

13 주철관의 접합

(1) 소켓 접합 : 관의 소켓부에 납과 얀을 넣는 접합 방식
　① 접합부 주위는 깨끗하게 유지
　② 납은 충분히 가열한 후 산화납을 제거하고, 접합부 1개소에 필요한 양을 단 한번에 부어줌
　③ 납이 굳은 후 코킹(다지기) 작업을 하여 누수 방지

(2) 기계적 접합 : 150 [mm] 이하의 수도관용으로 소켓 접합과 플랜지 접합의 장점을 취한 방법
　① 지진, 기타 외압에 대한 가요성이 풍부하여 다소의 굴곡에도 누수되지 않음
　② 기밀성이 좋음
　③ 작업이 간단하며 수중작업도 용이
　④ 고압에 대한 저항이 큼
　⑤ 간단한 공구로서 신속하게 이음이 되며 숙련공이 필요하지 않음

(3) 빅토리 접합
　① 가스 배관용으로 빅토리형 주철관을 고무링과 칼라(누름판)를 사용하여 접합
　② 압력이 증가할 때마다 고무링이 더욱더 관벽에 밀착되어 누수를 방지

(4) 타이톤 접합

(5) 플랜지 접합
　① 고압의 배관, 펌프 등의 기계 주위에 사용
　② 시공 시에는 플랜지를 죄는 볼트를 균등하게 대각선상으로 조임
　③ 패킹제로는 고무, 석면, 마, 납판 등을 사용

14 동관 접합

땜 접합(납땜, 황동납땜, 은납땜)에 쓰이는 슬리브식 이음재와 관 끝을 나팔 모양으로 넓혀 플레어 너트로 죄어서 접속하는 이음 방법이 있음

(1) 순동 이음재
   ① 벽 두께가 균일하므로 취약부분이 적음
   ② 재료가 순동이므로 내식성이 좋아 부식에 의한 누수 우려가 없음
   ③ 용접 가열시간이 짧아 공수가 절감됨
   ④ 내면이 동관과 같아 압력 손실이 적음
   ⑤ 다른 이음쇠에 의한 배관에 비해 공사비용의 절감 가능
   ⑥ 외형이 크지 않은 구조이므로 배관 공간이 적어도 됨

(2) 동합금 이음재
   나팔관식 접합용과 한쪽은 나사식, 다른 한쪽은 연납땜이나 경납땜 접합용의 이음재로 대별

Chapter 13 공기조화방식

01 공기조화방식

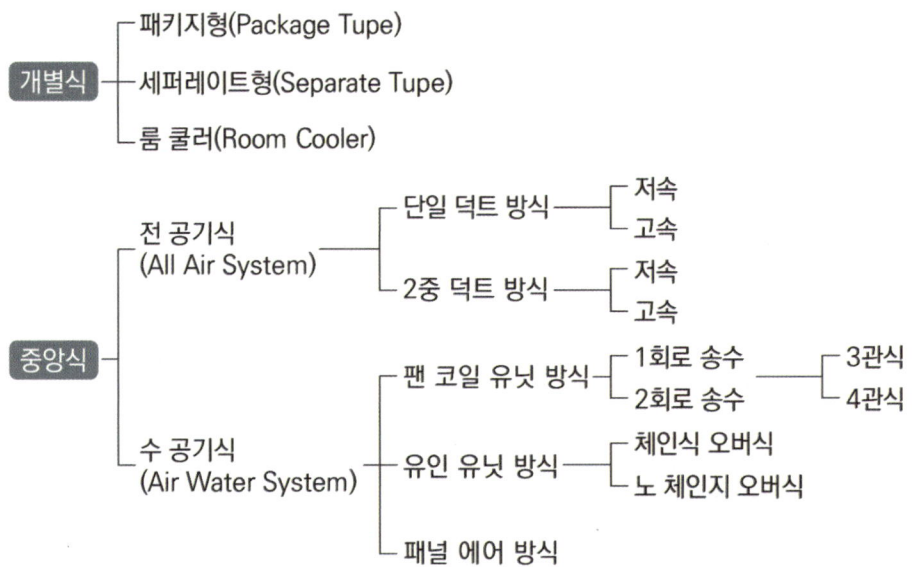

1 중앙공조방식

(1) 전공기방식

① 단일덕트방식
   ㉠ 정풍량 방식 : 말단에 재열기가 없는 방식
   ㉡ 변풍량 방식 : 재열기가 없는 방식과 재열기가 있는 방식
② 2중덕트방식
   ㉠ 정풍량 2중 덕트방식
   ㉡ 변풍량 2중 덕트방식
   ㉢ 멀티존 유닛방식

　　　　ⓡ 덕트 병용의 패키지방식
　　　　ⓜ 각층 유닛방식
　(2) 공기·수방식(유닛병용방식)
　　　① 덕트 병용 팬코일 유닛방식
　　　② 복사냉난방방식
　　　③ 유인유닛방식
　　　※ 복사난방 : 바닥패널, 벽패널, 천장패널을 설치하여 복사열을 이용하는 난방
　(3) 전수방식
　　　① 팬코일 유닛방식

2 개별공조방식(냉매방식)

(1) 패키지방식(냉수배관, 복잡한 덕트 등이 없음)

(2) 멀티유닛방식

(3) 룸쿨러방식

02 공기조화방식의 특징

1 중앙공조방식

(1) 송풍량이 많아 실내공기의 오염이 적음

(2) 덕트가 대형이고 개별식에 비해 덕트 스페이스가 큼

(3) 공조기가 기계실에 집중되어 있으므로 관리·보수가 용이

(4) 송풍동력이 크며 유닛 병용의 경우를 제외하고는 각 실마다의 조정이 곤란

(5) 대형 건물에 적합하며, 리턴 팬을 설치하면 외기냉방이 가능

2 2중 덕트방식

온풍과 냉풍 2개의 덕트를 설비하여 각 실의 부하조건에 따라서 혼합박스로 적당한 급기온도를 조정하여 토출시키는 방식으로 에너지 소모량이 가장 큰 방식

3 유인유닛방식

1차 공조기로부터 보내 온 고속공기가 노즐 속을 통과할 때 유인력에 의해 2차 공기를 유인하여 냉각 또는 가열하는 방식

4 개별공조방식

(1) 이동 및 보관, 자동조작이 가능하며 편리함

(2) 여과기의 불완전으로 실내공기의 청정도가 나쁘고 소음이 큼

(3) 개별제어가 가능하고 대량 생산하므로 설비비와 운전비가 저렴

(4) 설치가 간단하지만 대용량의 경우 공조기 수가 증가하기 때문에 중앙식보다 설비비가 많이 들 수 있음

(5) 외기냉방이 어려움

※ 외기냉방 : 외기의 온도 또는 엔탈피보다 낮은 경우 냉동기를 가동하지 않고 공기조화기의 외기, 환기, 배기 댐퍼의 적절한 조작과 송풍기팬 및 배기팬으로 외기를 도입해 실내를 냉방하는 것

---

03 공기냉각 및 가열코일

1 공기냉각코일

(1) 냉수코일 : 관 내에 냉수(5 ~ 10 [℃])를 통하는 코일

(2) 직접 팽창코일 : 관 내에 냉매를 직접 팽창시켜 그 증발열로 공기를 냉각하는 코일

2 공기가열코일

(1) 온수코일 : 관 내에 온수(40 ~ 60 [℃])를 통과시켜 공기를 가열(냉·온수코일)

(2) 증기코일 : 증기의 응축잠열(100 [℃]의 응축잠열 539 [kcal/kg] = 2253 [kJ/kg])을 이용하여 공기 가열

(3) 전열코일 : 코일 내 니크롬선을 내장하여 공기 가열(마그네슘 사용)

3 가습·감습장치

(1) 가습장치
   ① AW(Air Washer)에 의한 단열가습법
   ② AW 내 온수를 분무하여 가습
   ③ 소량의 물 또는 온수를 분무
   ④ 수증기를 공기류 속에 분무하는 방법 : 가습효율이 거의 100 [%]에 가까우며 무균이면서 응답성이 좋아 정밀한 습도 제거가 가능
   ⑤ 가습팬을 사용하여 증발하는 수증기를 이용하는 방법 : 응답성이 빠르고 제어성이 좋아 많이 사용하며 물의 정체성이 없어 미생물의 번식이 없음
   ⑥ 실내에 직접 분무

(2) 감습장치
   ① 냉각감습장치 : 냉각코일, 공기세정기 이용
   ② 흡수식 감습장치 : 염화리튬, 트라이에틸렌글리콜 등의 액체 흡수제 이용
   ③ 압축감습장치 : 공기를 압축하여 여분의 수분을 응축시키는 법
   ④ 흡착식 감습장치 : 실리카겔, 활성알루미나 등의 반고체, 고체 흡착제를 사용하여 감습 (극저습도용)

4 열교환기

(1) 설치 목적
   ① 리퀴드 백 방지(증발기 가까이)
   ② 플래시 가스 발생 억제(응축기 가까이)
   ③ 프레온에서 냉동효과 증대 성적계수 향상
   ④ 만액식 증발기에서 유회수장치

(2) 설치해야 할 경우
   ① 액관이 현저히 입상할 경우
   ② 액관이 보온함 없이 따뜻한 곳을 통과하는 경우
   ③ R-12나 R-500을 사용하는 증발온도 -15 [℃] 전후에서 효과가 큼
   ④ 만액식 증발기의 유회수장치

5 열교환기 종류

(1) 용접식 열교환기 : 주로 소형에서 사용하며 증발기 출구의 가스관과 모세관을 용접하여 열교환시키는 것

(2) 셸 앤드 튜브식 열교환기 : 셸 내로 가스가 흐르고 튜브 내로 액이 흐르며 주로 대형 프레온 냉동장치에서 사용

(3) 2중관식 열교환기 : 가는 튜브와 굵은 튜브와의 2중관에서 액냉매를 내측관에 관 사이로 가스를 흘려서 열교환되며 주로 R-22에서 사용

6 플래시가스 발생원인

(1) 압력 강하에 의한 경우
   ① 액관의 크기나 전자 밸브, 체크 밸브 등 크기가 작을 때
   ② 액관 중 스트레이너, 드라이어 등이 막혔을 때
   ③ 액관이 현저히 입상할 때

(2) 가열에 의한 경우
   ① 수액기가 직사광선을 받을 때
   ② 응축온도가 지나치게 낮을 때
   ③ 수액기 냉매온도가 주위보다 높을 때
   ④ 액관 보온 없이 따뜻한 곳을 통과할 때

7 플래시가스 영향

(1) 흡입가스 과열

(2) 실린더 과열

(3) 냉동능력 감소

(4) 증발압력 저하

(5) 팽창 밸브의 능력이 감퇴되어 증발기 내로 유입되는 실제적 냉매액 감소

(6) 윤활유 열화, 탄화

(7) 토출가스 온도 상승

(8) 냉장실 온도 상승

8 플래시가스 발생 방지법

(1) 지나친 입상을 방지

(2) 액관을 방열

(3) 열교환기 설치

(4) 응축설계온도를 높게 함

Chapter 14 배관 도시기호

1 배관 높이 표시

(1) EL 표시 : 배관의 높이를 표시할 때 기준선으로 기준선에 의해 높이를 표시하는 법

① 기준선은 평균 해면에서 측량된 어떤 기준선이며, 옥외 배관 장치에서의 기준선은 지반면이 반드시 수평이 되지 않으므로 지반면의 최고 위치를 기준으로 하여 150~200 [m] 정도의 하부를 기준선이라 하며, 배관에서의 베이스라인은 EL ± 0으로 한다.

② EL + 5,000 : 관의 중심이 기준면보다 5000 높은 장소에 있다.

③ EL - 600BOP : 관의 밑면이 기준면보다 600 낮은 장소에 있다.

④ EL - 300TOP : 관의 윗면이 기준면보다 300 낮은 장소에 있다.

(2) BOP(Bottom of Pipe) : EL에서 관 외경의 밑면까지를 높이로 표시할 때

(3) TOP(Top of Pipi) : EL에서 관 외경의 윗면까지를 높이로 표시할 때

(4) GL(Ground Level) : 지면의 높이를 기준으로 할 때 사용하고 치수 숫자 앞에 기입

(5) FL(Floor Level) : 건물 바닥면을 기준으로 하여 높이로 표시할 때

2 배관도면 표시법

관은 하나의 실선으로 표시하며 동일 도면에서 다른 관을 표시할 때도 같은 굵기선으로 표시한다.

(1) 유체의 종류, 상태, 목적 표시 기호

문자로 표시하며 관을 표시하는 선위에 표시하거나 인출선에 의해 도시한다.

(2) 유체의 종류와 기호

① 공기 : A
② 가스 : G
③ 유류 : O
④ 수증기 : S
⑤ 물 : W

(3) 배관 도시기호

명칭	도시기호	명칭	도시기호
나사형	—┼—	유니언	—┼┼—
용접형	—✕—	슬루스 밸브	—▷◁—
플랜지형	—┼┼—	글로브 밸브	—▷•◁—
턱걸이형	—⊂—	체크 밸브	—▷|—
납땜형	—○—	캡	—⊐

3 관 표시

(1) 온수 및 증기의 송기관 : 실선으로 표시

(2) 온수 및 증기의 복귀관 : 점선으로 표시

(3) 급수관 : 일점쇄선으로 표시

4 가스배관 시공

(1) 지상배관 : 황색

(2) 매설배관 : 저압일 때 황색, 중압일 때 적색

(3) 배관을 도로에 매설할 경우 : 매설 깊이 1.2 [m] 이상

(4) 시가지 외 도로에 매설할 경우 : 매설 깊이 1.5 [m] 이상

(5) 가스미터 설치 시 유의사항
  ① 직사광선을 피하고 진동이 없는 곳에 설치할 것
  ② 화기와 2 [m] 이상, 저압전선과 15 [cm] 이상, 전기개폐기와 60 [cm] 이상의 우회거리가 유지될 수 있을 것
  ③ 설치 높이는 1.6 [m] 이상 2 [m] 이내에 밴드 등으로 고정할 것
  ④ 검침 및 보수가 용이한 곳에 설치할 것

Chapter 15 방음, 방진, 내진

건축설비를 지진, 기계 작동 등으로 인한 진동으로부터 안전하게 시공해야 재실자들이 안전하게 생활할 수 있다. 따라서 건축물 등에 설치된 기계·기구·배관 및 그 밖에 성능을 유지하기 위한 설비의 소음·진동·전도·탈락 등을 방지하기 위해 설치된 설비를 방음·방진·내진설비라고 한다.

1 방음설비

방음설비 소음은 '불규칙하게 뒤섞여 불쾌하고 시끄러운 소리'를 말한다. 따라서 방음설비는 건물 내 소음 수준을 허용 기준 이하로 제어해 쾌적한 음향환경을 유지하는 중요한 역할을 한다. 공조설비에서 실내로 전파되는 소음은 덕트를 통해 기류로 전파된다. 소음에는 설비기기의 진동이 구조체를 통해 들려오는 고체 전달음, 기계실 벽을 투과해 실내로 유입되는 소음, 덕트 표면 또는 배관에서 방출되는 소음이 천장 등을 통해 전달되는 소음이 있다. 설비기기 소음원은 냉동기, 냉·온수 유닛, 보일러, 펌프, 공기압축기 등이 있다. 가장 효과적인 대책은 먼 곳에 설비를 배치하는 장비 이설, 속도와 주파수를 변경할 수 있는 인버터 제어방식을 적용하는 등 운전조건 변경, 사용시간별로 제어하는 운전시간 조정 등이 있다.

2 방진설비

브레이스 : 펌프, 압축기 등에서 발생하는 기계의 진농, 압축가스에 의한 서징, 밸브의 급격한 개폐에서 발생하는 수격작용, 지진 등에서 발생하는 진동을 억제하는 데 사용하며 진동을 완화하는 방진기와 충격을 완화하는 완충기이다.

3 지지설비

보일러·냉각기·배관·덕트 등이 지진으로 파괴될 경우 연료 누출 등으로 인한 2차 피해가 우려된다. 특히, 지진에너지의 관성력에 따라 공조기, 펌프 등이 미끄러지거나 혹은 흔들려 손상될 가능성이 있다. 장비용 내진장치에는 내진 스토퍼, 내진 구속장치 등이 있다. 스토퍼는 지진 충격을 받게 되는 표면을 경화되지 않는 탄성고무 재질로 제작해야 한다.

(1) 서포트 : 배관계의 중량을 지지하는 것으로 밑에서 지지

(2) 행거 : 배관계의 중량을 지지하는 것으로 위에서 달아 매는 것

(3) 리스트레인트 : 열팽창에 의한 배관의 자유로운 움직임을 구속하거나 제한하기 위한 장치

4 브라인(동결방지제)의 종류

(1) 염화칼슘 : 공정점이 -55 [℃]이고, 제빙용으로 사용

(2) 염화나트륨 : 공정점이 -21.2 [℃]이고, 식품 저장용으로 사용

(3) 염화마그네슘 : 공정점이 -33.6 [℃]이고, 염화칼슘 대용으로 사용

(4) 프로필렌글리콜 : 식품 동결용으로 사용

Chapter 16 원가, 설계, 에너지관리

01 적산

건축설비의 원가관리는 계획된 예산범위 내에서 설계도서의 전 과정에 대한 소요 공사비를 경제적으로 관리해야 하므로 공사비를 예측하기 위한 견적은 원가관리가 가장 기본이 되는 업무로 일반적으로 설비공사를 수행하는 데 필요한 자재, 경비, 노무 등의 수량과 금액을 산출하는 데 있다. 일반적으로 공사비 산출을 견적이라고 말하며 금액 산출전의 물량산출을 적산이라고 한다.

02 공사비 작성 순서

1 설계도면과 상세도 작성

정확한 수량산출을 위해 도면이 명확해야 하고 다른 사람이 이해할 수 있도록 표기하며 필요한 경우 상세도 등을 첨부

2 수량 산출

도면, 상세도, 시방서 등을 통해 시공에 필요한 정확한 물량을 산출 해야하며, 특히 건축설비의 경우 배관 부속 하나하나를 산출하는 상세견적은 힘들고 시간과 인력을 낭비하므로 근래에는 부속자재를 주자재의 비율로 산정하는 표준화 및 간소화방안을 적용

3 단가 산출

자재 및 장비, 부속, 인건비 등 단가를 정리한 것으로 시중에 유통되는 물가지(거래가격, 가격정보, 물가자료, 물가정보 등) 최신판 및 시장조사가격을 이용하여 최저가로 산출

4 일위대가 작성

단위수량의 작업을 완성하는 데 소요되는 단가를 말하는 것으로 공사비 산출을 간편하게 하기 위한 것이며 배관(m, kg), 덕트(m^2), 용접개소, 장비설치, 조립체(밸브 바이패스 조립체 등) 보온 등 단위화가 가능한 것으로 표준품셈(공량산정 자료)을 이용하여 재료비, 소모자재, 노무비, 경비, 손료 등을 일식으로 단위화한 것

5 순공사비용 산출

내역서에서 구한 재료비와 노무비를 원가계산서에 대입하면 경비(가계경비, 가설비, 안전관리비, 보험료 등)을 포함한 순공사비가 산출됨

6 총공사비(원가계산)

순공사비에 일반 관리비와 이윤을 적용하여 총원가를 산정하고 여기에 부가세를 합하면 총공사비(예정가격)가 됨

03 공사비 구성

건축설비의 실현을 위해 투입되는 비용, 즉 재료비, 노무비, 경비의 합계

1 재료비

(1) 직접 재료비 : 공사목적물의 실체를 형성하는 물질의 가치, 즉 설치에 필요한 재료 또는 부분품의 소비가치

(2) 간접 재료비 : 공사목적물의 실체를 형성하지 않고 보조적으로 소비되는 물품(재료 또는 공구 등)의 가치

2 노무비

(1) 직접 노무비 : 공사현장에서 계약목적물을 완성하기 위해 직접 작업에 종사하는 노무자에 의해 제공되는 노동력에 대한 대가

(2) 간접 노무비 : 공사현장에서 직접 작업에 종사하지 않는 보조 업무에 종사하는 자에게 제공되는 노동력의 대가(현장소장, 경리, 공무, 경비, 자재 등)

3 경비

(1) 직접계상경비 : 소요량, 소비량 측정이 가능한 경비(품셈 계약서, 관련 법령 등에 의해 계산이 가능한 비용)

(2) 승률계상경비 : 소요량, 소비량 측정이 곤란해서 유사 원가계산 자료를 활용하여 비율산정 적용이 불가피한 경비

4 일반관리비

기업유지를 위한 관리 활동 부분에서 발생하는 제비용

5 이윤

영업이익을 말하는 것으로 공사원가와 일반관리비를 합한 금액의 10 [%]를 초과할 수 없도록 규정

Chapter 17 전기 기초

01 시퀀스 제어 기초

1 시퀀스 제어(Sequential Control)

(1) 미리 정해진 순서에 따라 제어의 각 단계를 순서대로 진행해나가는 제어를 뜻한다.

(2) 시퀀스 제어 기본회로는 논리회로, 자기유지회로, 인터록회로 등이 있다.

2 접점

전류를 공급 및 차단

(1) 단자 2개

(2) 가동 접점 : 조작에 의해 고정 접점과 접촉

(3) 고정 접점 : 단자를 이용하여 전선을 접속

3 접점의 기호

유점접 기호	설명	비고
a접점	개로 상태에서 폐로 상태로 되는 접점(열려 있는 접점)	
b접점	폐로 상태에서 개로 상태로 되는 접점(닫혀 있는 접점)	
c접점	전환접점 a, b 공통 가동접점	

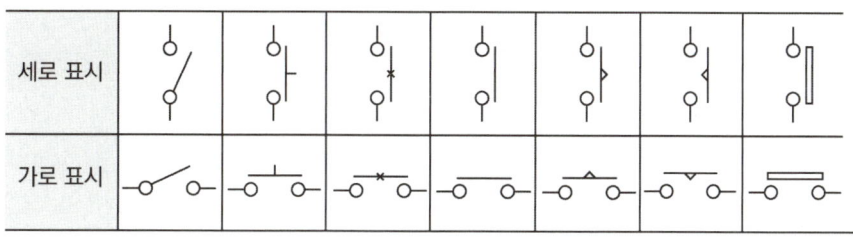

[a 접점 표시법]

[b 접점 표시법]

02 시퀀스 제어

1 시퀀스 제어(기호)

(1) 배선용 차단기(MCCB(= MCB = NFB) : Molded-case Circuit Breaker)

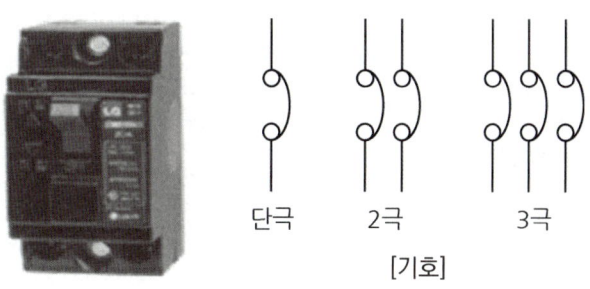

단극   2극   3극

[기호]

(2) 목적 : 과전류, 단락전류 차단(재사용 가능)

① 원어 : No Fuse Breaker(또는 노우 퓨즈 브레이커)

② 특징
ㄱ. 소형이고, 경량이다.
ㄴ. 기기의 신뢰도가 크다.
ㄷ. 과전류에 대한 차단성능이 우수하다.
ㄹ. 동작 시 수동으로 복귀가 간단하다.
ㅁ. 퓨즈가 필요치 않다.
ㅂ. 기기의 수명이 길다.

(3) 퓨즈(Fuse : F) : 재사용 불가

전류에 의해 발생하는 열로 그 자체가 녹아 전선로를 끊어지게 하는 것(전선로에 과전류가 계속 흐르는 것을 방지하기 위하여 사용하는 일종의 자동차단기이다) 저압용 퓨즈에는 개방형과 포장형이 있으며, 전기설비기술기준의 적용을 받는다.

(4) 조작스위치

① 복귀형 수동스위치(PBS : Push Button Switch)

복귀형 수동스위치는 누르고 있는 동안만 회로가 닫히고, 놓으면 즉시 본래대로 돌아오는 스위치로서 누름단추 스위치(푸쉬 버튼 스위치)가 대표적인 예이다.

② 수동 조작 자동 복귀형 스위치
ㄱ. 버튼을 누르면 접점 기구부가 개폐되는 동작에 의해 회로를 개로 또는 폐로(수동조작)
ㄴ. 손을 떼면 스프링의 힘에 의해 원래의 상태로 되돌아온다(자동 복귀).
ㄷ. 그림 기호 옆에 문자 기호 PB 또는 PBS를 기입한다.
• a접점의 작동

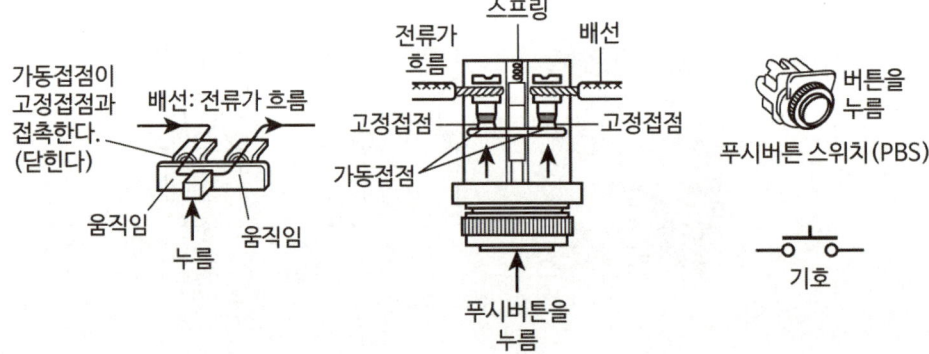

• b접점의 작동

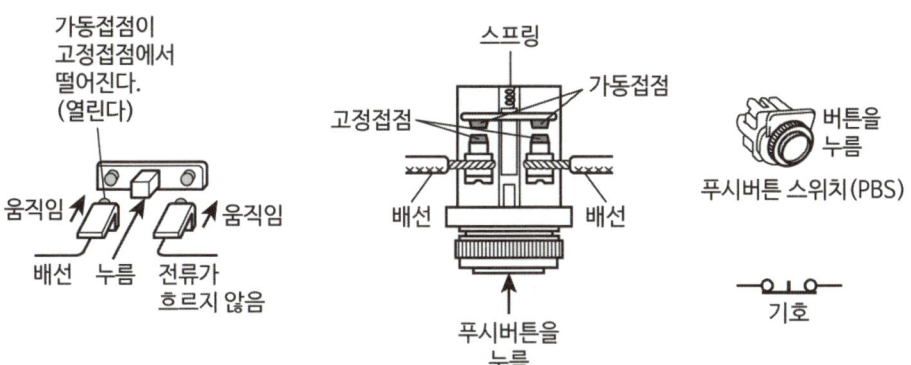

(5) 전자접촉기(MC : Electromagnetic Contactor)

전자접촉기는 전자계전기와 같이 전자석에 의한 철편의 흡입력을 이용하여 접점을 개폐하는 기능을 가진 기기로서 전자계전기에 비해 개폐하는 회로의 전력이 매우 큰 회로에 사용되며, 빈번한 개폐 조작에도 충분히 견딜 수 있는 구조로 되어 있다. 전자접촉기는 전자코일과 여러 개의 접점으로 구성되어 있으며, 주접점은 주회로의 큰 전류를 개폐하고, 보조 접점은 제어회로 전류를 개폐하게 된다.

(6) 열동형 과전류 계전기(THR : Thermal Relay)

주회로 THR	제어회로 THR
열동계전기	열동계전기 b접점

열동형 과전류 계전기는 히터와 바이메탈을 결합하여 만든 것으로, 히터 부분에 과전류가 흐르면 바이메탈이 일정량 이상 구부러져서, 이것에 연동하는 접점이 동작하여 회로를 끊어주는 역할을 하는 계전기로서 전동기 소손을 방지할 목적으로 많이 사용된다.

(7) 전자개폐기(Thermal Overload Relay)

전자 개폐기는 전자접촉기(MC)에 열동형 과전류 계전기(THR)를 조합한 것을 말하며 전동기 등의 과부하 보호장치를 가진 주회로용 스위치를 말한다.

(8) 타이머(Timer)

입력신호가 주어지고 일정시간 경과 후 접점을 개폐
① 한시 동작 순시 복귀 : 설정 시간 경과 후 접점 동작, 복귀 시 순간적으로 복귀되는 동작
② 한시 동작 한시 복귀 : 설정 시간 경과 후 접점 동작, 복귀 시 설정 시간 경과 후 접점 복귀
③ 순시 동작 한시 복귀 : 순간적으로 접점 동작, 신호가 소자되면 설정 시간이 경과 후 복귀

Part 02

필답형 예상문제

예상문제 선도

01 다음 그림에서 냉동효과(kJ/kg)는 얼마인가?

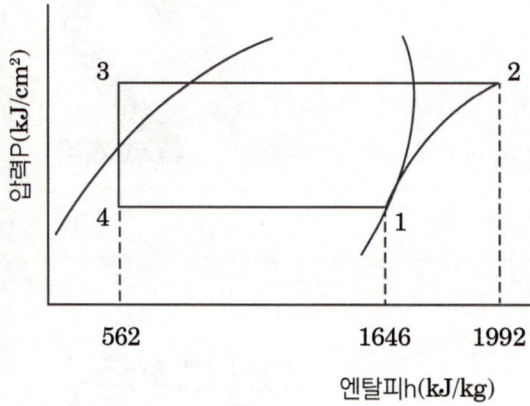

정답

$q_e = h_1 - h_4 = 1646 - 562 = 1084$ [kJ/kg]

02 A상태에서 B상태로 가는 냉방과정에서 현열비는?

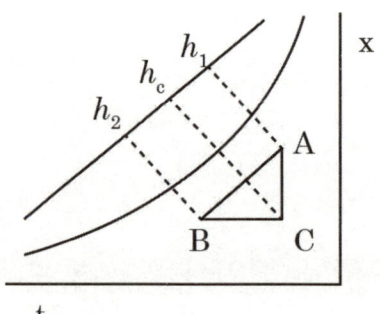

정답

- 감열비라고도 한다.
- $SHF = \dfrac{현열량}{현열량 + 잠열량} = \dfrac{h_c - h_2}{h_1 - h_2}$

03 다음과 같이 운전되고 있는 냉동사이클의 성적 계수를 구하시오.

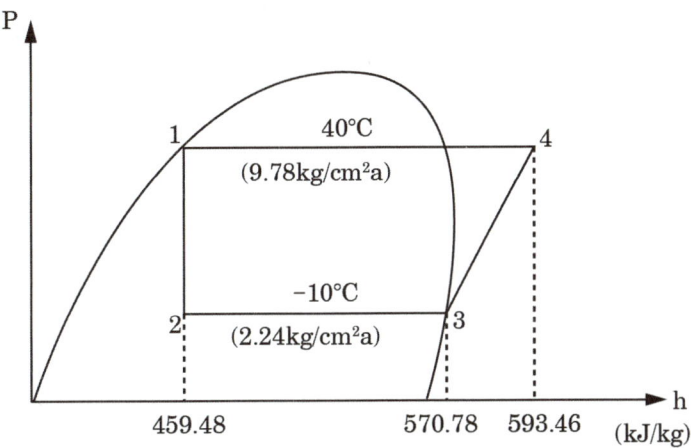

정답

$COP = \dfrac{Q_e}{A_w} = \dfrac{570.78 - 459.48}{593.46 - 570.78} = 4.9$

04 아래 선도와 같은 암모니아 냉동기의 이론성적계수(①)와 성적계수(②)는 얼마인가? (단, 팽창 밸브 직전의 액온도는 32 [℃]이고, 흡입가스는 건포화증기이며, 압축효율은 0.85, 기계효율은 0.91로 한다)

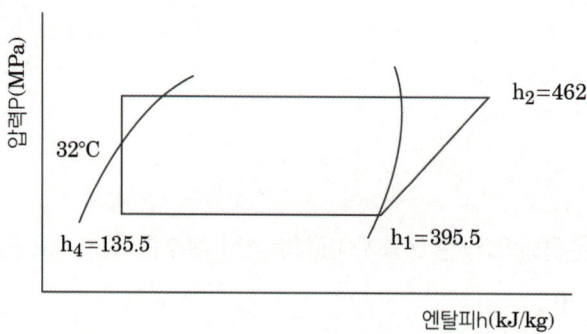

정답

① : 이론성적계수

$$\epsilon_1 = \frac{395.5 - 135.5}{462 - 395.5} = 3.9$$

② : 실제성적계수

$$\epsilon_2 = \epsilon_1 \eta_c \eta_m = 3.9 \times 0.85 \times 0.91 = 3.0$$

05 2단 압축 1단 팽창 냉동장치의 P-h 선도를 그리시오.

정답

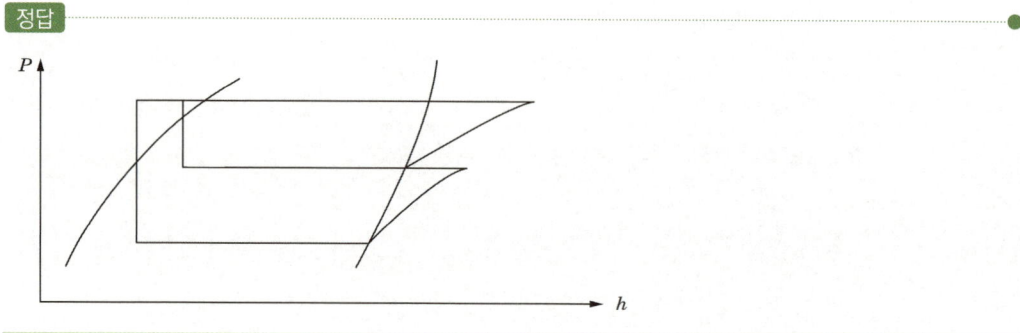

06 다음 그림에서 습 압축 냉동사이클을 쓰시오.

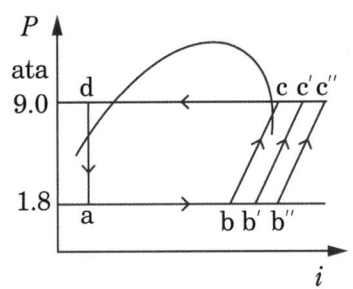

정답

a b c d a
※ a b″ c″ d a : 과열압축
　a b′ c′ d a : 건압축

07 다음 모리엘 선도에서의 성적계수는 약 얼마인가?

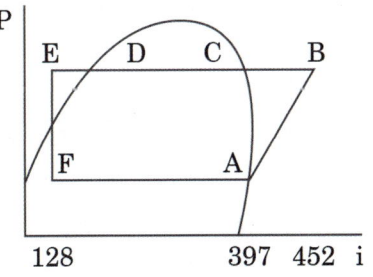

정답

$$COP = \frac{q}{A_w} = \frac{397-128}{452-397} = 4.9$$

08 다음과 같은 냉동장치의 P-h 선도에서 이론적성적계수는?

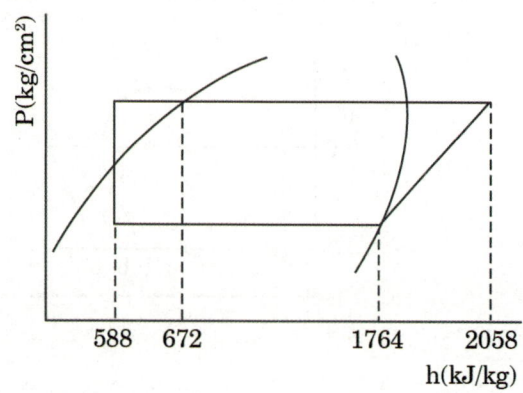

정답

$$COP = \frac{q}{A_w} = \frac{1764-588}{2058-1764} = 4$$

09 다음과 같은 P-h선도에서 온도가 가장 높은 곳은?

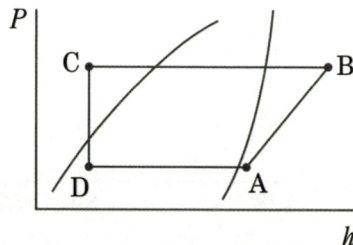

정답

온도가 가장 높은 곳 : 압축기 출구 부분(B)

10 다음은 NH₃ 표준냉동사이클의 P-h선도이다. 플래시가스 열량(kJ/kg)은 얼마인가?

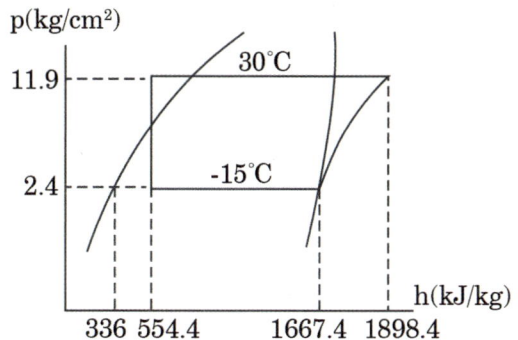

> 정답

플래시가스 열량 : 554.4-336 = 218.4 [kJ/kg]

11 다음의 공기선도에서 (2)에서 (1)로 냉각, 감습을 할 때 현열비(SHF)의 값을 식으로 쓰시오.

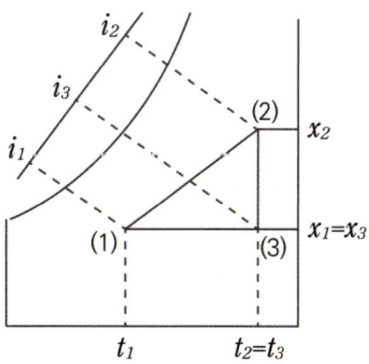

> 정답

$$SHF = \frac{현열량}{현열량 + 잠열량} = \frac{i_3 - i_1}{i_2 - i_1}$$

12 다음 온도-엔트로피 선도에서 a→b 과정은 어떤 과정인가?

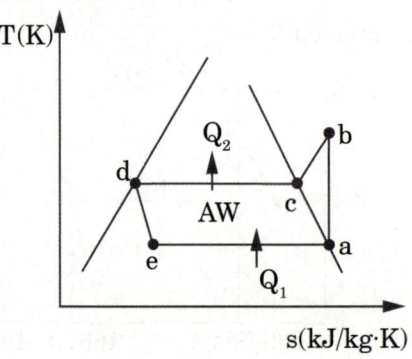

> 정답

압축과정

13 다음 화면의 그림은 어떤 냉동사이클인지 쓰고 3 - 7 과정의 명칭을 쓰시오.

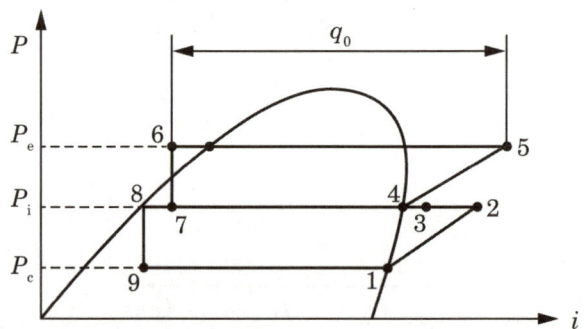

> 정답

(1) 사이클 종류 : 2단 압축 2단 팽창 사이클
(2) 명칭 : 중간냉각기

14 증발압력(온도)이 감소했을 때 장치에 미치는 영향을 쓰시오.

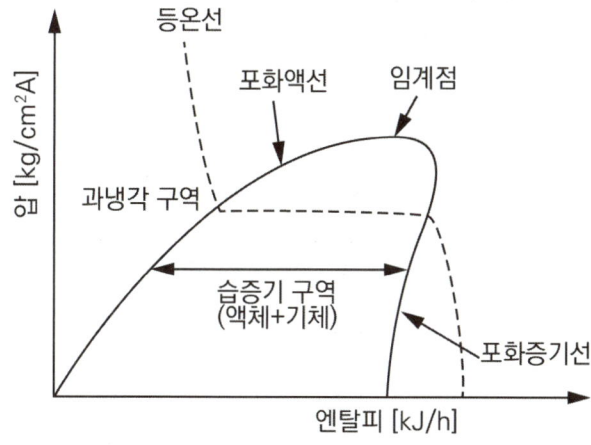

> 정답
(1) 실린더의 과열
(2) 압축비 증가
(3) 토출가스 온도의 상승
(4) 윤활유의 열화 및 탄화

예상문제 시퀀스

01 주어진 회로의 가, 나, 다 버튼의 색깔을 쓰시오.

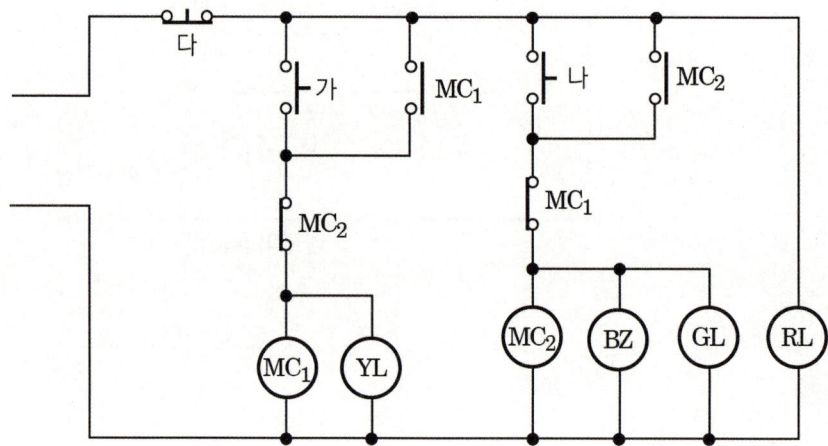

① 초기상태 : 적색램프 점등
② 백색 버튼스위치 작동 : RL, GL 점등, BZ 작동
③ 녹색 버튼스위치 작동 : RL, YL 점등
④ 적색 버튼스위치 작동 : 원상복귀

정답

가 : PB_녹색
나 : PB_백색
다 : PB_적색

02 PB-백의 버튼을 눌렀을 때 가 ~ 라 중 작동되는 것을 모두 쓰시오.

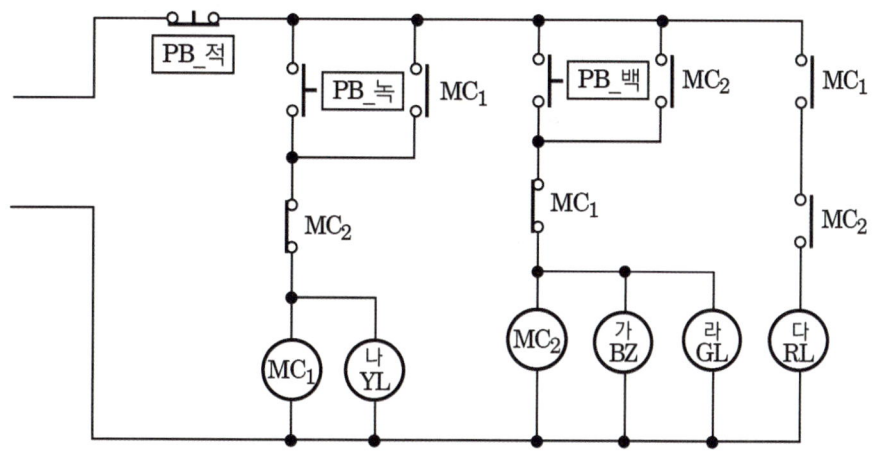

> 정답

가, 라

03 알맞은 회로를 찾으시오.

① 전기회로에 전원 투입 : RL 점등
② PB녹 버튼 동작 : GL 자기유지되며 점등 유지
③ PB적 버튼 동작 : GL은 소등, RL은 점등 유지

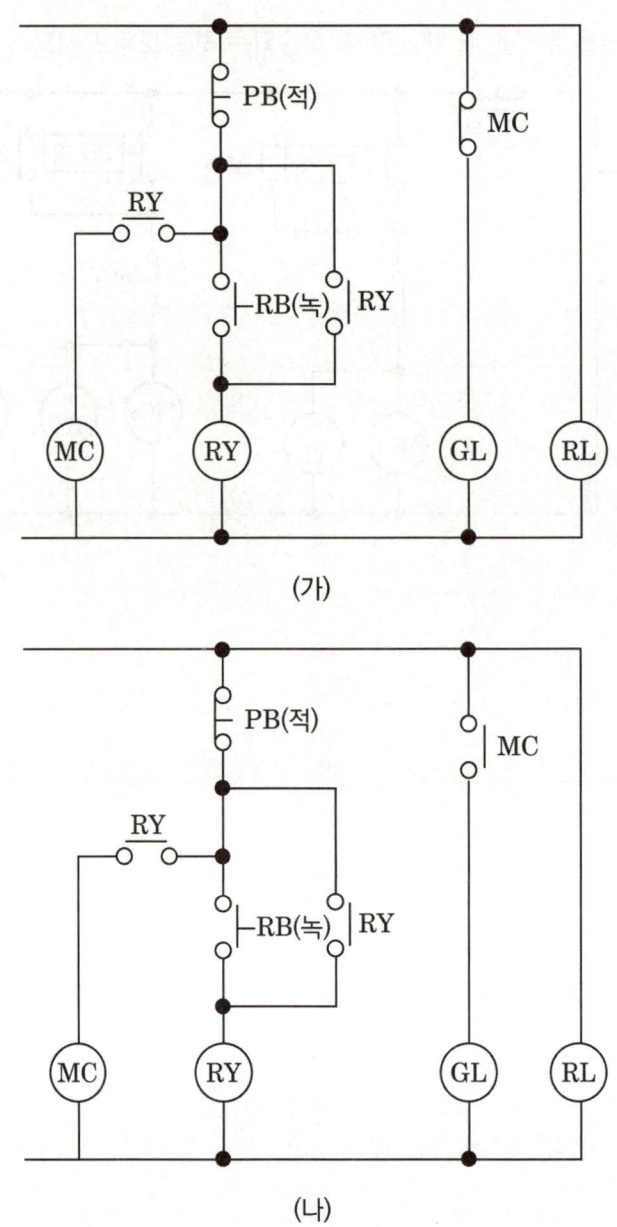

> **정답**
>
> (나)

04 알맞은 회로를 찾으시오.

① 전원 투입 : RL, WL 점등
② PB녹 동작 : RL 소등, GL 점등, WL 유지
③ PB적 동작 : 원상복귀

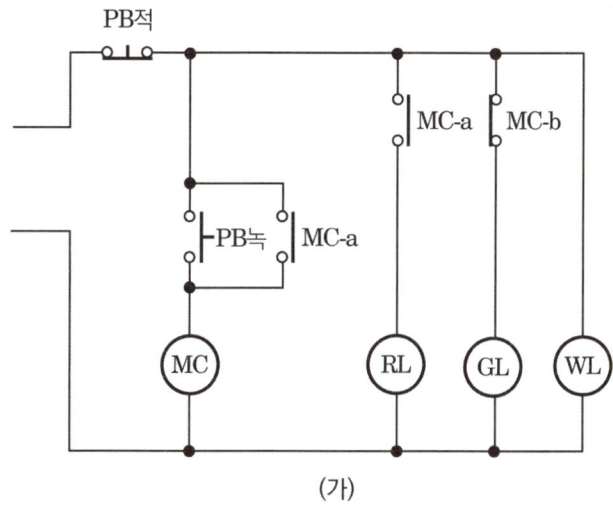

(가)

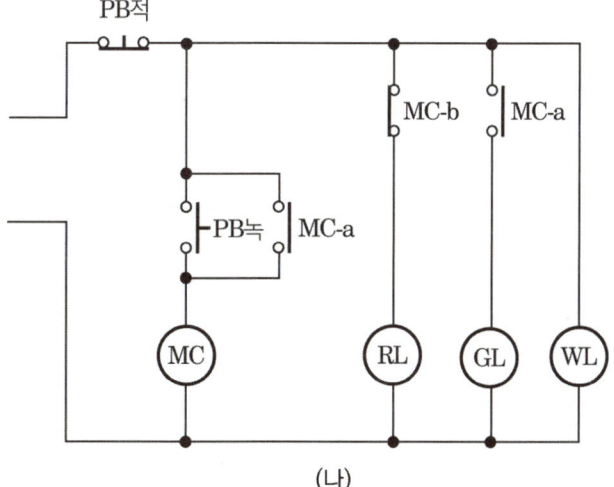

(나)

> **정답**
>
> (나)

05 회로도의 [가]에 해당하는 부분의 기호를 쓰시오.

> ① 전원 투입 : RL 점등
> ② 녹색 버튼 동작 : RL 소등, GL 점등 유지
> ③ 적색 버튼 동작 : GL 소등, RL 점등 유지

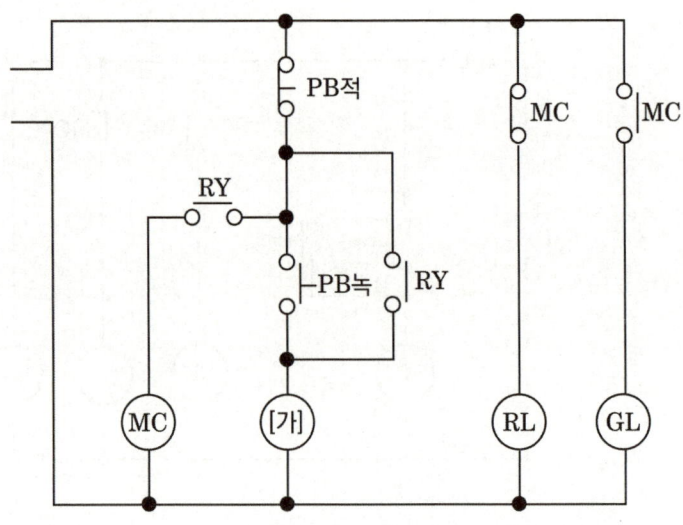

정답

RY(릴레이, Relay)

06 알맞은 회로도를 고르시오.

① 전원 투입 : RL, WL 점등
② 녹색 버튼 작동 : RL 소등, GL 점등, WL 유지
③ 적색 버튼 작동 : 원상복귀

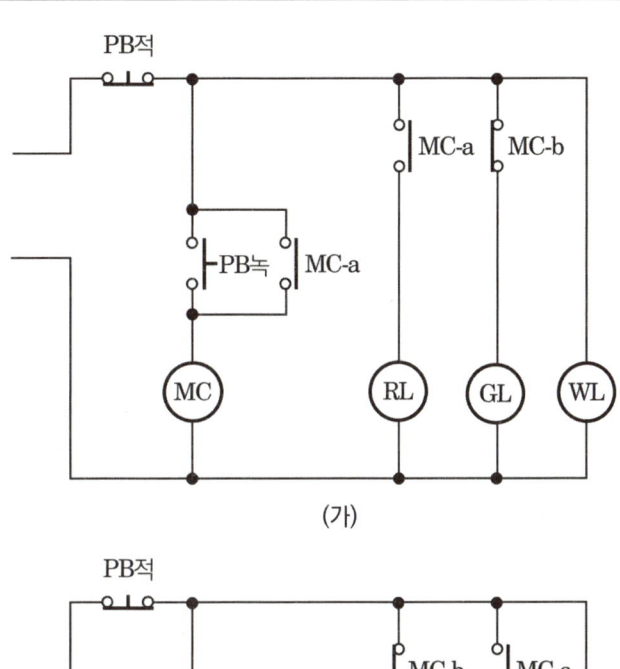

(가)

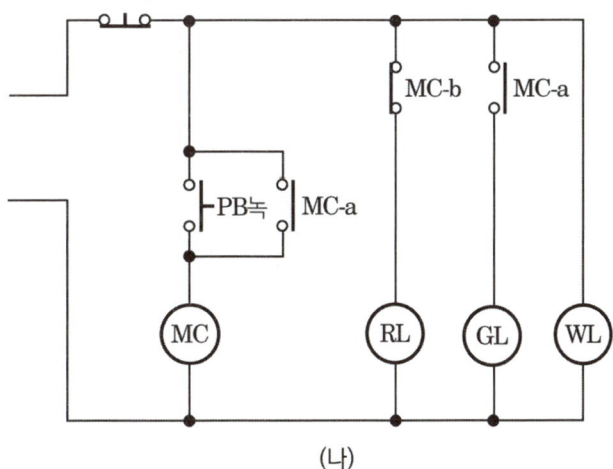

(나)

> 정답

(나)

07 알맞은 회로를 찾으시오.

① 전원을 인가 : RL과 BZ는 점등/동작하지 않음
② T/S(토글스위치) ON : 전원이 인가, RL 점등, MC-a접점이 닫혀 자기유지되며 BZ 동작
③ T/S OFF : 전원 소자, 원상복귀

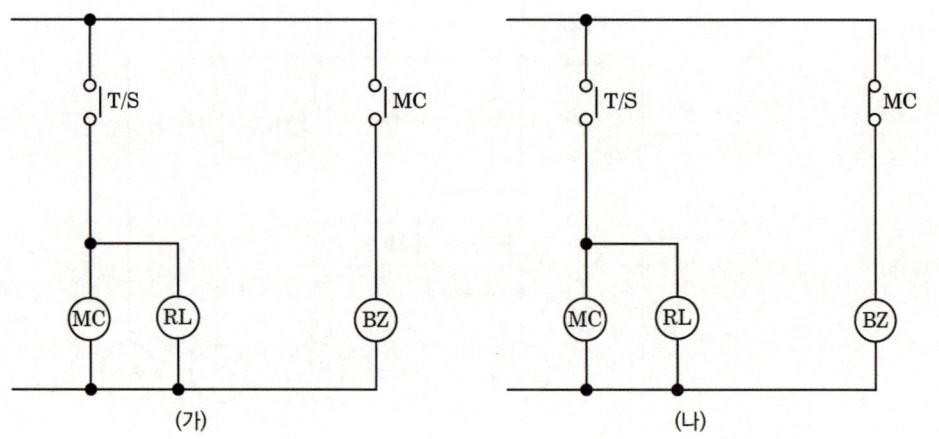

> 정답

(가)

08 다음 회로를 보고 동작상황을 설명하시오.

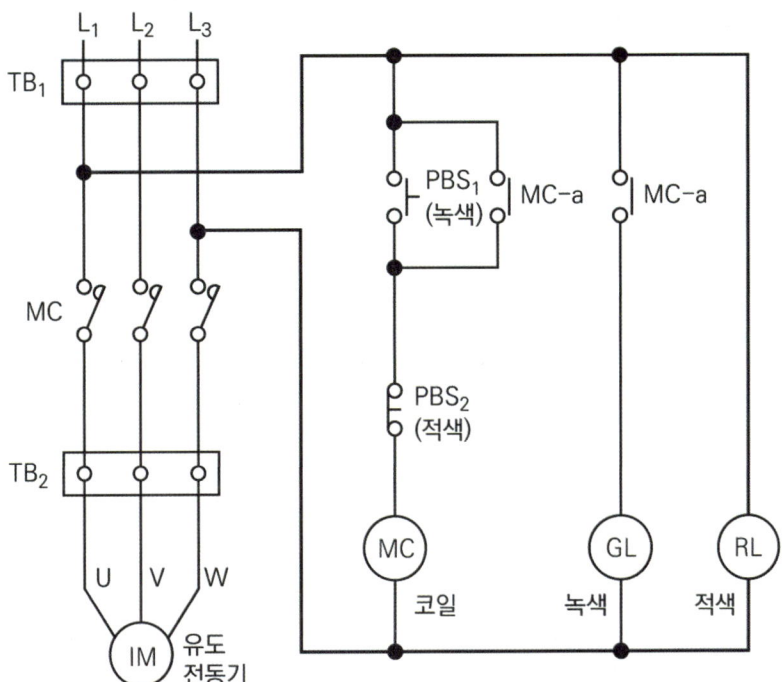

① RL이 켜진 상태에서 녹색 PBS$_1$ 동작 :
② RL이 켜진 상태에서 적색 PBS$_2$ 동작 :

정답

① RL이 켜진 상태에서 녹색 PBS$_1$ 동작 : 녹색등 GL이 점등
② RL이 켜진 상태에서 적색 PBS$_2$ 동작 : 녹색등 GL이 소등

09 알맞은 회로를 찾으시오.

① 녹색버튼 동작 : 전자접촉기(MC) 전원 인가 및 자기유지, RL과 GL 동시 점등, 타이머에 전원 공급
② 타이머에 전원이 공급된 후 t초 후(타이머 설정시간) : GL 소등
③ 적색버튼 동작 : 원상복귀

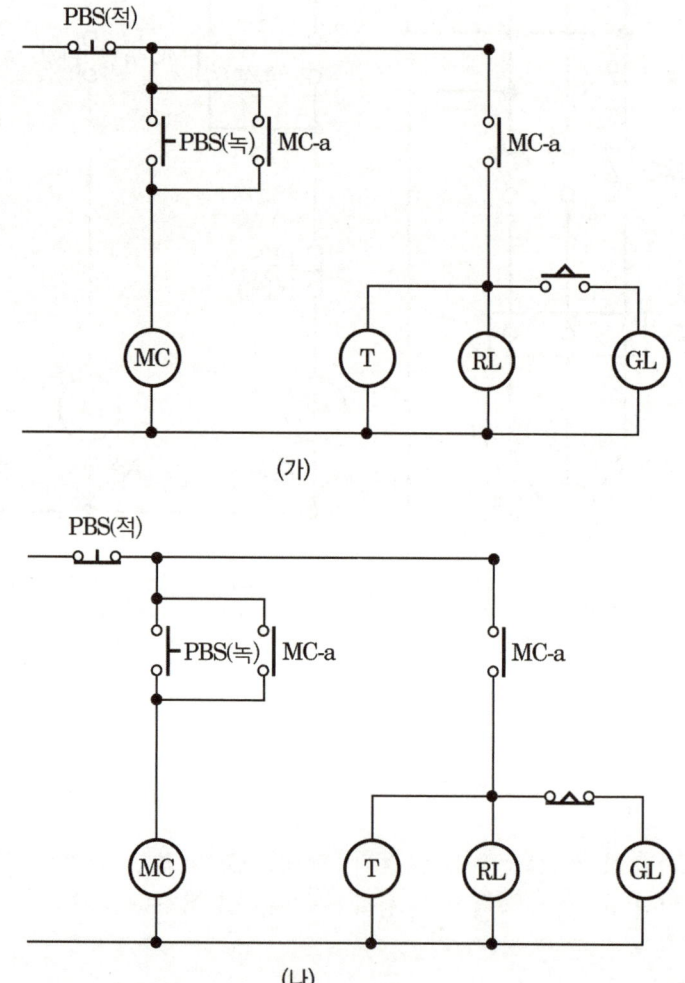

정답

(나)

10 PBS백색을 누르면 동작하는 장치를 찾으시오.

① PBS(녹색) 동작 : MC_{1-a}접점 동작, MC_1 자기유지, RL 점등
② PBS(백색) 동작 : PBS(녹색)이 동작하는 동안 MC_{1-b} 접점 동작, MC_2와 GL이 여자되지 않음
③ PBS(적색) 동작 : 모두 정지
④ 모두 정지된 상태에서 PBS(백색) 동작 : MC_{2-a} 접점 동작, MC_2가 자기유지되어 GL점등, MC_{2-b} 접점은 열려 RL 소등

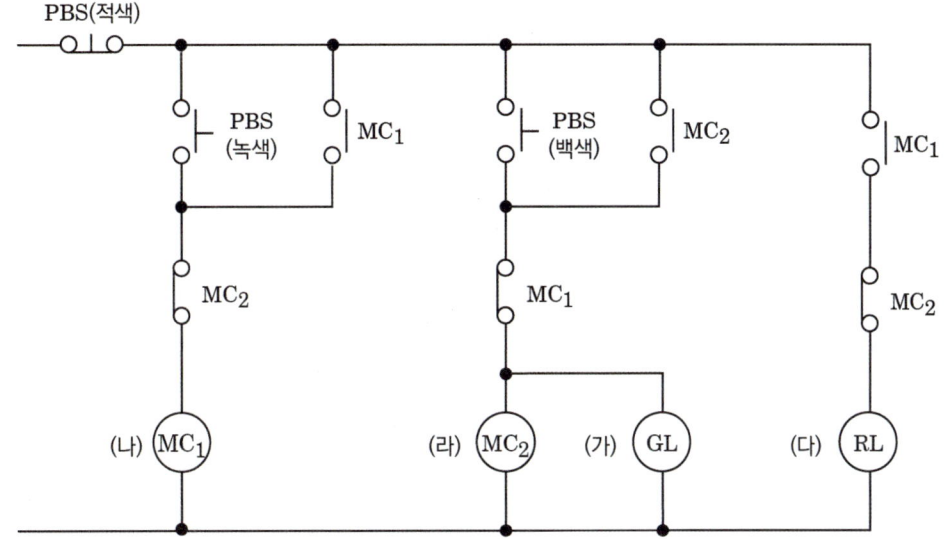

정답

(라), (가)

11 회로도의 빈 칸에 알맞은 답을 쓰시오.

① 전원 인가 : RL 점등, PBS_1(녹색) 동작 : R_{-a} 접점 동작, GL 점등, R 자기유지, MC 또한 여자됨
② PBS_2(적색)동작 : R 소자, GL 소등, MC 소자
　　RL 계속 점등

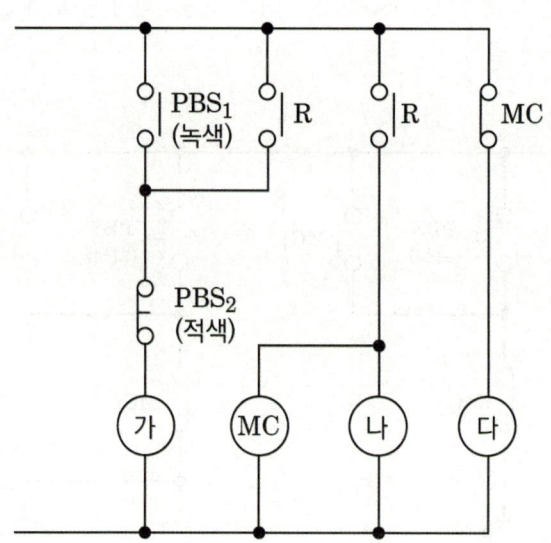

정답

가 : R
나 : GL
다 : RL

12 알맞은 회로를 찾으시오.

① 전원 인가 : RL, GL이 점등되지 않음
② PBS₁(녹색) 동작 : MC-a 접점 동작, T(타이머) 여자, GL과 RL은 점등
③ 타이머 설정 t초 후 GL 소등
④ PBS₂(적색) 동작 : RL, GL 소등

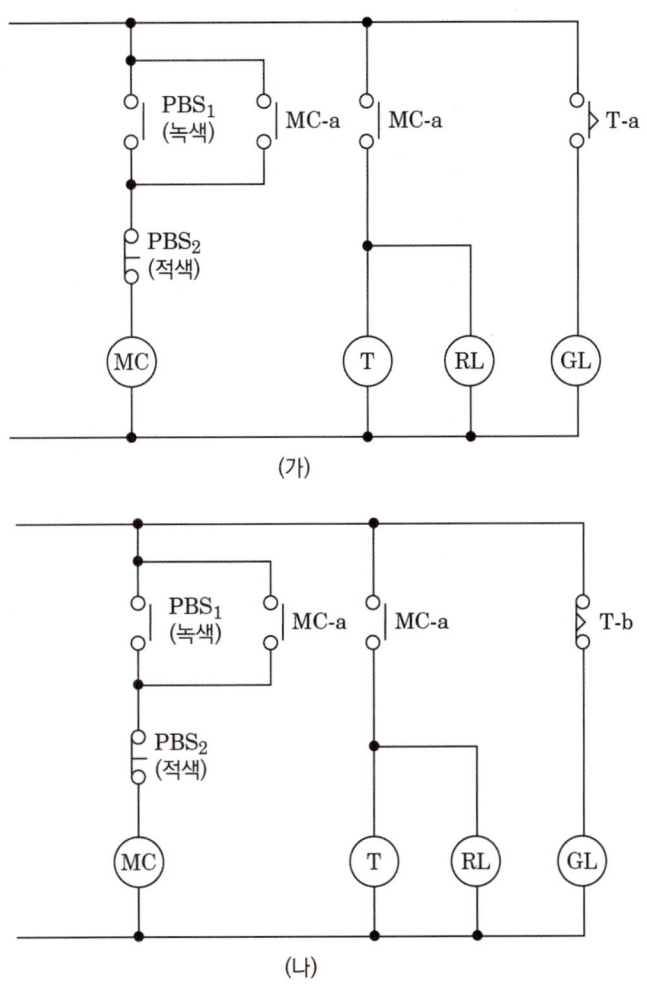

정답

(나)

13 A, B, C에 들어갈 도시기호를 [보기]에서 골라 쓰시오.

① 전원 인가 : RL, GL 점등되지 않음
② PBS_1(녹색) 동작 : MC_{-a} 접점 동작 및 자기유지, T(타이머)가 여자됨과 동시에 GL 점등, 타이머 설정시간 t초 후 RL 점등
③ PBS_2(적색) 동작 : RL, GL 소등

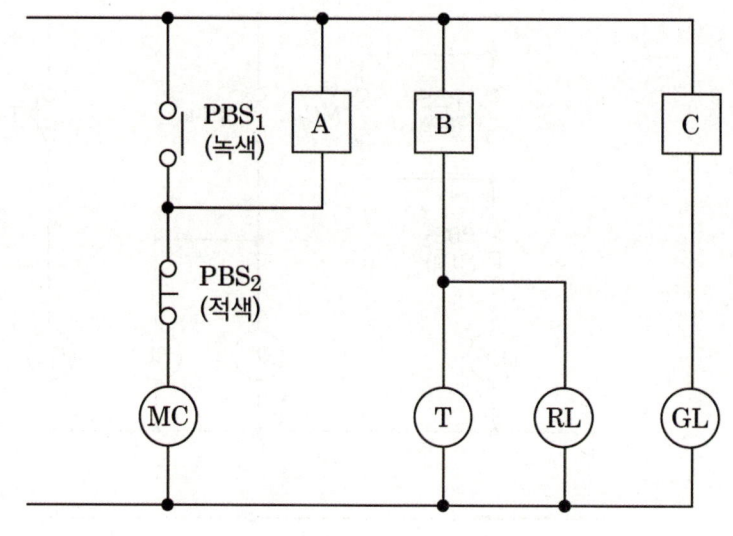

정답

A : (나)
B : (나)
C : (다)

14 알맞은 회로를 찾으시오.

① PBS(녹) 동작 : 전자접촉기(MC)여자 및 자기유지
② RL, GL 점등, 타이머 여자
③ 타이머 설정시간 t초 후 GL 소등
④ PBS(적) 동작 : 원상복귀

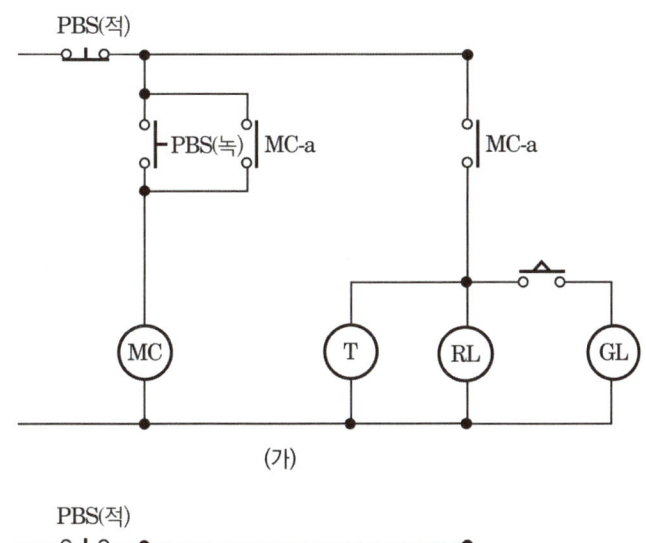

(가)

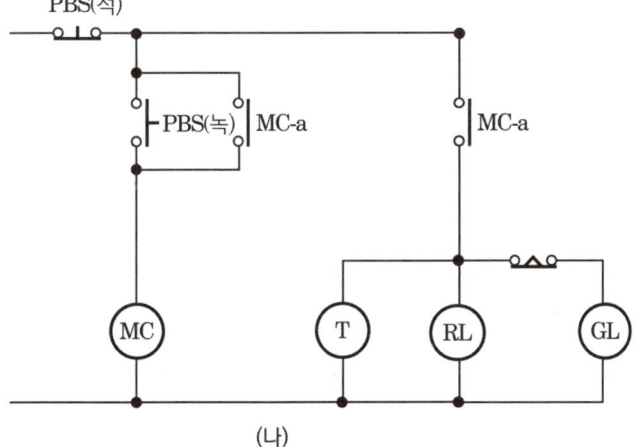

(나)

정답

(나)

15 알맞은 회로를 찾으시오.

① 전원 인가 : RL과 BZ 여자되지 않음
② T/S(토글스위치) ON : 전원 인가, RL 점등, MC-a접점 동작 및 자기유지, BZ 동작
③ T/S OFF : 원상복귀

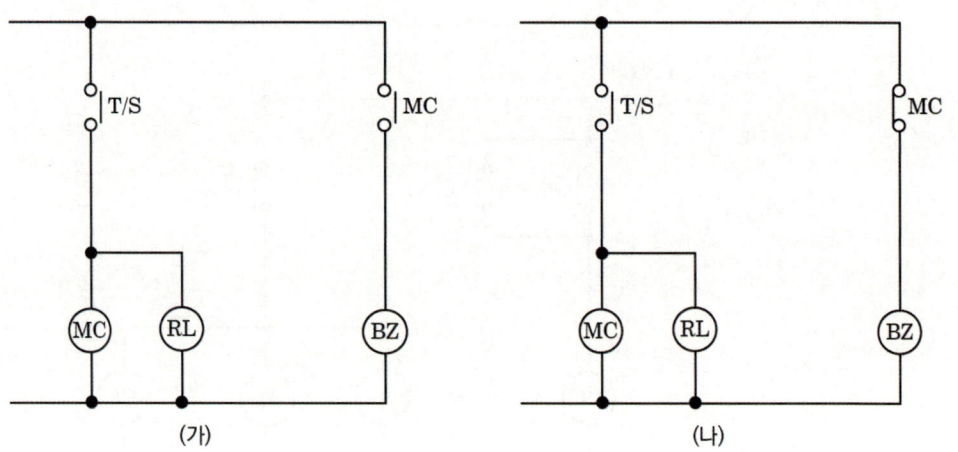

> 정답

(가)

16 (가), (나), (다)에 알맞은 기호를 찾아쓰시오.

① 차단기 동작 : RL 점등
② PBS(녹) 동작 : GL 점등 및 자기유지
③ PBS(적) 동작 : 원상복귀

[보기]
GL, RL, MC

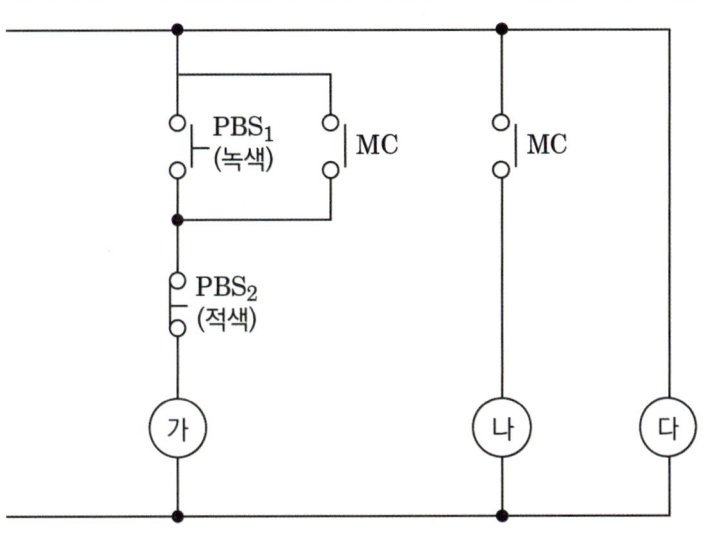

정답

가 : MC
나 : GL
다 : RL

17 [가], [나], [다], [라]의 빈칸에 알맞은 답을 쓰시오.

① 차단기 동작 : 아무 동작 없음
② PB_녹 동작 : RL, GL 점등, t초 후 GL 소등
③ PB_적 동작 : 원상복귀

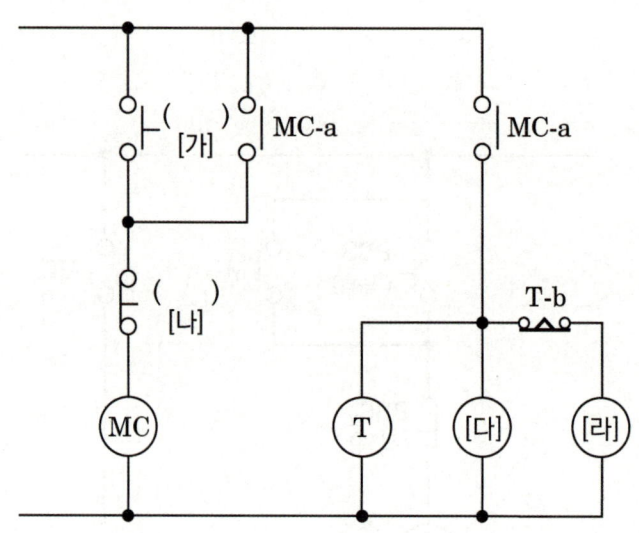

> **정답**
>
> [가] : PB_녹
> [나] : PB_적
> [다] : RL
> [라] : GL

예상문제 주관식 문제

01 배관 지름이 100 [cm]이고, 유량이 0.785 [m³/sec]일 때, 이 파이프 내의 평균 유속 (m/s)은 얼마인가?

정답

$$Q = AV = \frac{\pi d^2}{4} V$$

$$\therefore V = \frac{0.785}{\frac{3.14 \times 1^2}{4}} = 1 \, [\text{m/s}]$$

※ 단면적 $A = \frac{\pi}{4} d^2$

02 호칭지름 20 [A]의 관을 그림과 같이 나사 이음할 때 중심 간의 길이가 200 [mm]라 하면 강관의 실제 소요되는 절단길이(mm)는? (단, 이음쇠에 중심에서 단면까지의 길이는 32 [mm], 나사가 물리는 최소의 길이는 13 [mm]이다)

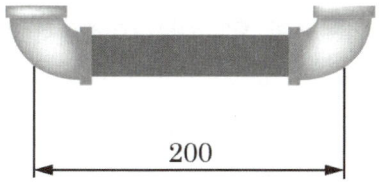

정답

$l = L - 2(A - a) = 200 - 2(32 - 13) = 162 \, [\text{mm}]$

03 상당방열면적을 계산하는 식에서 q₀는 무엇을 뜻하는가?

$$EDR = \frac{H_r}{q_o}$$

정답

방열기 표준 방열량

04 환기의 목적 3가지를 쓰시오.

정답

실내공기 정화, 열의 제거, 수증기 제거

05 어떤 실내의 전체 취득열량이 9 [kW], 잠열량이 2.5 [kW]이다. 이때 실내를 26 [°C], 50 [%](RH)로 유지시키기 위해 취출 온도차를 10 [°C]로 일정하게 하여 송풍한다면 실내 현열비는 얼마인가?

정답

$$SHF = \frac{현열량}{현열량 + 잠열량} = \frac{9-2.5}{9} = 0.72$$

06
15 [℃]의 물로 0 [℃]의 얼음을 100 [kg/h] 만드는 냉동기의 냉동능력은 몇 냉동톤(RT)인가? (단, 1 [RT]는 3320 [kcal/h]이다)

정답

$$RT = \frac{Q_e}{3320} = \frac{(100 \times 1 \times 15) + (100 \times 79.68)}{3320} = 2.86\,[RT]$$

07
냉각수 출입구 온도차를 5 [K], 냉각수의 처리 열량을 16380 [kJ/h]로 하면 냉각수량(L/min)은? (단, 냉각수의 비열은 4.2 [kJ/kg·K]로 한다)

정답

$$Q = WC\Delta t \times 60$$
$$\therefore W = \frac{Q}{C\Delta t \times 60} = \frac{16,380}{4.2 \times 5 \times 60} = 13\,[\text{L/min}]$$

08
열펌프 장치의 응축온도 35 [℃], 증발온도가 −5 [℃]일 때, 성적계수는?

정답

$$COP = \frac{Q_1}{W} = \frac{Q_1}{Q_1 - Q_2} = \frac{T_1}{T_1 - T_2} = \frac{273 + 35}{(273 + 35) - (273 - 5)} = 7.7$$

09 진공계의 지시가 45 [cmHg]일 때 절대압력은?

정답

절대압력=대기압-진공압력 $= 76\,[\text{cmHg}] - 45\,[\text{cmHg}] = 31\,[\text{cmHg}]$

∴ $1.0332 \times \dfrac{31}{76} = 0.42\,[\text{kgf/cm}^2\text{abs}]$

10 급탕배관 내의 압력이 0.7 [kgf/cm²]이면 수주로 몇 [m]와 같은가?

정답

$1\,[\text{kg/cm}^2] : 10\,[\text{mH}_2\text{O}] = 0.7\,[\text{kg/cm}^2] : x\,[\text{mH}_2\text{O}]$

∴ $x = 7$

11 20 [℃] 습공기의 대기압이 100 [kPa]이고, 수증기의 분압이 1.5 [kPa]이라면 주어진 습공기의 절대습도(kg/kg′)는?

정답

$x_s = 0.622 \times \dfrac{P_s}{P - P_s} = 0.622 \times \dfrac{1.5}{100 - 1.5} = 0.0095\,[\text{kg/kg}′]$

12 90 [K] 고온수 25 [kg]을 100 [K]의 건조포화액으로 가열하는데 필요한 열량(kJ)은? (단, 물의 비열은 4.2 [kJ/kg·K]이다)

> **정답**
>
> $Q = GC\Delta t = 25 \times 4.2 \times (100 - 90) = 1050 \ [kJ]$

13 암모니아 냉동기에서 유분리기의 설치위치를 쓰시오.

> **정답**
>
> 압축기와 응축기 사이

14 캐비테이션 방지책 3가지를 쓰시오.

> **정답**
>
> (1) 흡입관경은 크게하고 흡입양정은 짧게 할 것
> (2) 단흡입펌프를 양흡입펌프로 바꿀 것
> (3) 펌프의 회전수를 낮추어 유속과 유량을 감소할 것
> (4) 흡입배관은 굽힘부를 적게 할 것

15 다음 그림에서 ㉠과 ㉡의 명칭을 쓰시오.

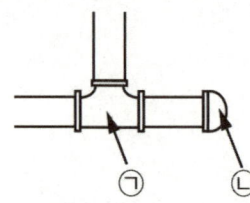

> 정답

㉠ : 티, ㉡ : 캡

16 배관길이 200 [m], 관경 100 [mm]의 배관 내 20 [℃]의 물을 80 [℃]로 상승시킬 경우 배관의 신축량(mm)은? (단, 강관의 선팽창계수는 11.5 × 10⁻⁶ [m/m℃]이다)

> 정답

l = 관의 길이 × 선팽창계수 × 온도차
 = $200 \times 11.5 \times 10^{-6} \times (80-20)$
 = 0.138 [m] = 138 [mm]

17 600 [rpm]으로 운전되는 송풍기의 풍량이 400 [m³/min], 전압 40 [mmAq], 소요동력 4 [kW]의 성능을 나타낸다. 이때 회전수를 700 [rpm]으로 변화시키면 몇 [kW]의 소요동력이 필요한가?

> 정답

$L_2 = \left(\dfrac{N_1}{N}\right)^3 L_1 = \left(\dfrac{700}{600}\right)^3 \times 4 = 6.35 \text{kW}$

18 표준 냉동장치에서 단열팽창과정의 온도와 엔탈피 변화를 쓰시오.

> **정답**
>
> 온도는 하강하고 엔탈피는 변화가 없음

19 냉동 설비에서 고온·고압의 냉매 기체가 흐르는 배관은?

> **정답**
>
> 압축기와 응축기 사이 배관

20 다익형 송풍기(일명 시로코팬)는 그 크기에 따라서 No 2, $2\frac{1}{2}$, 3 … 등으로 표시한다. 이때 이 번호의 크기는 어느 부분에 대한 얼마의 크기를 말하는가?

> **정답**
>
> 임펠러의 지름
> ※ 송풍기의 크기를 표시하는 방식으로 임펠러의 지름(mm)을 원심식은 150, 축류식은 100 으로 나눈 값으로 표시한다.
> 즉, 원심식 : $No = \dfrac{임펠러\ 지름}{150}$, 축류식 : $No = \dfrac{임펠러\ 지름}{100}$

21 관경 25 [A](내경 27.6 [mm])의 강관에 30 [L/min]의 가스를 흐르게 할 때 유속(m/s)은?

> 정답
>
> $Q = AV \ [\text{m}^3/\text{s}]$
>
> $\therefore V = \dfrac{Q}{A} = \dfrac{\dfrac{3 \times 10^{-3}}{60}}{\dfrac{\pi}{4} \times 0.0276^2} = 0.84 \ [\text{m/s}]$

22 32 [W] 형광등 20개를 조명용으로 사용하는 사무실이 있다. 이때 조명기구로부터의 취득 열량은 약 얼마인가? (단, 안정기의 부하는 20 [%]로 한다)

> 정답
>
> $Q = (32 \times 20) + (32 \times 20) \times 0.2 = 768 \ [\text{W}]$

23 어느 재료의 열통과율이 0.35 [W/m²·K], 외기와 벽면과의 열전달률이 20 [W/l·K], 내부공기와 벽면과의 열전달률이 5.4 [W/m²·K]이고, 재료의 두께가 187.5 [mm]일 때, 이 재료의 열전도는?

> 정답
>
> 열통과율 $= \dfrac{1}{\dfrac{1}{\alpha_i} + \dfrac{l}{\lambda} + \dfrac{1}{\alpha_o}} \ [\text{W/m}^2\text{K}]$
>
> $\therefore \lambda = \dfrac{l}{\dfrac{1}{K} - \left(\dfrac{1}{\alpha_i} + \dfrac{1}{\alpha_o}\right)} = \dfrac{0.187}{\dfrac{1}{0.35} - \left(\dfrac{1}{20} + \dfrac{1}{5.4}\right)} = 0.072 \ [\text{W/m} \cdot \text{K}]$

24 아래 조건과 같은 병행류형 냉각코일의 대수평균온도차는?

공기온도	입구	32 [℃]
	출구	18 [℃]
냉수코일온도	입구	10 [℃]
	출구	15 [℃]

정답

$$LMTD = \frac{\triangle_1 - \triangle_2}{\ln \frac{\triangle_1}{\triangle_2}} = \frac{(32-10)-(18-15)}{\ln\left(\frac{32-10}{18-15}\right)} = 9.54\,[℃]$$

- $\triangle_1 = (32-10)$
- $\triangle_2 = (18-15)$

25 냉방시의 공기조화 과정을 나타낸 것이다. 그림과 같은 조건일 경우 냉각코일의 바이패스 팩터는? (단, ① 실내공기의 상태점, ② 외기의 상태점, ③ 혼합공기의 상태점, ④ 취출공기의 상태점, ⑤ 코일의 장치노점온도이다)

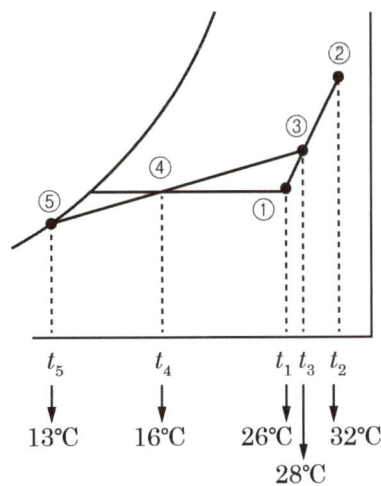

> 정답

$$BF = \frac{t_4 - t_5}{t_3 - t_5} = \frac{16 - 13}{28 - 13} = \frac{3}{15} = 0.2$$

26 외기온도 13 [°C](포화 수증기압 12.83 [mmHg])이며 절대습도 0.008 [kg/kg]일 때의 상대습도 RH는? (단, 대기압은 760 [mmHg]이다)

> 정답

$$\phi = \frac{xP}{P_s(0.622 + x)} = \frac{0.008 \times 760}{12.83 \times (0.622 + 0.008)} = 0.752 = 75.2[\%]$$

27 분해조립이 필요한 부분에 사용하는 배관연결 부속을 쓰시오.

> 정답

플랜지, 유니언

28 실내의 취득열량을 구했더니 현열이 28000 [kJ/h], 잠열이 12000 [kJ/h]였다. 실내를 21 [°C], 60 [%](RH)로 유지하기 위해 취출온도차 10 [°C]로 송풍할 때, 현열비는 얼마인가?

> 정답

- 감열비라고도 한다.
- $SHF = \dfrac{현열량}{현열량 + 잠열량} = \dfrac{28000}{28000 + 12000} = 0.7$

29 공조부하 계산 시 잠열과 현열을 동시에 발생시키는 요소 3가지를 쓰시오.

> **정답**
> - 극간풍에 의한 열량
> - 외기부하
> - 인체에서 발생하는 열량
> - 실내기구에서 발생하는 열량

30 다익형 송풍기의 임펠러 직경이 600 [mm]일 때, 송풍기 번호는 얼마인가?

> **정답**
> - 다익형송풍기번호 = $\dfrac{\text{날개의 직경}}{150} = \dfrac{600}{150} = 4$
> - 축류형송풍기번호 = $\dfrac{\text{날개의 직경}}{100}$

31 난방방식 중 방열체가 필요 없는 것은?

> **정답**
> 온풍난방
> (열원장치에서 가열한 공기를 직접 실내에 공급하여 난방하는 방식으로 방열체가 필요 없다)

32 공비혼합냉매 종류 3가지를 쓰시오.

> **정답**
>
> 프레온 500, 프레온 501, 프레온 502

33 압력계의 지침이 9.80 [cmHgV]였다면 절대압력은 약 몇 [kgf/cm²] 인가?

> **정답**
>
> 절대압력 = 대기압 − 진공압 = $1.0332[kgf/cm^2] - 9.8[cmHg] \times \dfrac{1.0332[kgf/cm^2]}{76[cmHg]} = 0.9[kgf/cm^2]$

34 냉동사이클에서 응축온도를 일정하게 하고, 압축기 흡입가스의 상태를 건포화 증기로 할 때 증발온도를 상승시키면 어떤 결과가 나타나는가?

> **정답**
>
> - 압축비 감소
> - 냉동효과 증대
> - 성적계수 상승
> - 토출가스 온도 강하
> - 비체적 감소로 인한 냉매 순환량 증가

35 100000 [kcal]의 열로 0 [°C]의 얼음 약 몇 [kg]을 용해시킬 수 있는가?

> **정답**
>
> $Q = G \times \gamma$
>
> $G = \dfrac{Q}{\gamma} = \dfrac{100,000}{80} = 1250\ [kg]$

36 냉동기의 냉동능력이 24000 [kJ/h], 압축일 5 [kJ/kg], 응축열량이 35 [kJ/kg]일 경우 냉매 순환량은 얼마인가?

> **정답**
>
> 냉매 순환량 $= \dfrac{냉동능력}{냉동효과} = \dfrac{24000}{35-5} = 800\ [kg/h]$

37 온풍난방 특징 3가지를 쓰시오.

> **정답**
>
> - 예열시간이 짧음
> - 실내 온도분포가 균일하지 않음
> - 방열기나 배관 등의 시설이 필요하지 않아 설비비가 비교적 저렴
> - 송풍기로 인한 소음이 발생할 수 있음

38 펌프에서 흡입양정이 크거나 회전수가 고속일 경우 흡입관의 마찰저항 증가에 따른 압력강하로 수중에 다수의 기포가 발생되고 소음 및 진동이 일어나는 현상은?

> **정답**
>
> 캐비테이션 현상

39 증기난방의 환수관 배관 방식에서 환수주관을 보일러의 수면보다 높은 위치에 배관하는 것은?

> **정답**
>
> 건식 환수식

40 발화온도가 낮아지는 조건 3가지를 쓰시오.

> **정답**
>
> • 발열량이 높을수록
> • 압력이 높을수록
> • 산소농도가 높을수록
> • 분자구조가 복잡할수록

41 물이 얼음으로 변할 때의 동결잠열은 몇 [kJ/kg]인가?

> **정답**
>
> 동결잠열 $= 79.68\ [kcal/kg] \times 4.18\ [kJ/kcal] = 333.06\ [kJ/kg]$

42 실내 냉방 시 현열부하가 8000 [kJ/h]인 실내를 26 [℃]로 냉방하는 경우 20 [℃]의 냉풍으로 송풍하면 필요한 송풍량은 약 몇 [m³/h] 인가? (단, 공기의 비열은 0.24 [kJ/kgK]이며, 비중량은 1.2 [kg/m³]이다)

> **정답**
>
> $Q = \dfrac{8000}{1.2 \times 1 \times (26-20)} = 1111.11\ [m^3/h]$

43 공기 가열코일의 종류 3가지를 쓰시오.

> **정답**
>
> 전열코일, 증기코일, 온수코일

44 실린더 내경 20 [cm], 피스톤 행정 20 [cm] 기통수 2개, 회전수 300 [rpm]인 압축기의 피스톤 배출량은 약 얼마인가?

정답

$$V = \frac{1}{4}\pi D^2 LRN = \frac{\pi}{4} \times 0.2^2 \times 0.2 \times 2 \times 300 \times 60 = 226\,[m^3/h]$$

45 온풍난방의 특징 3가지를 쓰시오.

정답
- 열효율이 높고 연료비가 적게 든다.
- 설치면적이 작다.
- 설치가 쉽고 보수관리가 용이하다.
- 집진과 가습이 가능하다.
- 예열부하가 적고 소형이다.
- 열용량이 적고 예열기간이 짧다.

46 유체의 속도가 20 [m/s]일 때 이 유체의 속도수두는 얼마인가?

정답

$V = \sqrt{2gH}$

$20 = \sqrt{2 \times 9.8 \times x}$

$\therefore\ x = 20.4\,[m]$

47 R-113과 R-114의 화학 분자식을 각각 쓰시오.

정답

R-113 : $C_2Cl_3F_3$

R-114 : $C_2Cl_2F_4$

48 흡수식 냉동기에서 물과 암모니아의 흡수제를 각각 쓰시오.

정답

- 물의 흡수제 : LiBr, LiCl
- 암모니아의 흡수제 : 물

49 1분간에 25 [℃]의 순수한 물 100 [L]를 3 [℃]로 냉각하기 위하여 필요한 냉동기의 냉동톤은 약 얼마인가?

정답

$$Q = GC\Delta t = 100 \times 1 \times (25-3) \times 60 \times \frac{1}{3,320} = 39.76\,[RT]$$

50 실내 냉방부하 중에서 현열부하가 2500 [kJ/h], 잠열부하가 500 [kJ/h]일 때, 현열비는 약 얼마인가?

> **정답**
>
> - 감열비 라고도 한다.
> - $SHF = \dfrac{현열량}{현열량 + 잠열량} = \dfrac{2,500}{2,500 + 500} = 0.83$

51 방열기의 EDR이란 무엇을 뜻하는가?

> **정답**
>
> 상당방열면적

52 5 [A] 강관을 45°로 구부릴 때 곡관부의 길이(mm)는? (단, 굽힘 반지름은 100 [mm]이다)

> **정답**
>
> $l = 2\pi R \times \dfrac{\theta}{360} = 2 \times 3.14 \times 100 \times \dfrac{45}{360} = 78.5\,[mm]$

53 다익형 송풍기의 임펠러 지름이 450 [mm]인 경우 이 송풍기의 번호는 몇 번인가?

> **정답**
>
> - 다익형 송풍기 번호 = $\dfrac{\text{날개의 직경}}{150} = \dfrac{450}{150} = 3$
> - 축류형 송풍기 번호 = $\dfrac{\text{날개의 직경}}{100}$

54 응축 온도가 13 [℃]이고, 증발온도가 -13 [℃]인 이론적 냉동 사이클에서 냉동기의 성적 계수는?

> **정답**
>
> $\text{COP} = \dfrac{Q_2}{Q_1 - Q_2} = \dfrac{T_2}{T_1 - T_2} = \dfrac{(273 - 13)}{(273 + 13) - (273 - 13)} = 10$
>
> ※ 열펌프 COP = $\dfrac{T_1}{T_1 - T_2}$

55 유체의 속도가 15 [m/s]일 때, 이 유체의 속도수두는?

> **정답**
>
> $V = \sqrt{2gH}$
>
> $15 = \sqrt{2 \times 9.8 \times x}$
>
> $\therefore x = 11.5\,[m]$

56 완전 기체에서 단열압축 과정 동안 나타나는 현상 두 가지를 쓰시오.

> **정답**
> 엔탈피 증가, 엔트로피 일정

57 냉매배관에 사용되는 저온용 단열재에 요구되는 성질 3가지를 쓰시오.

> **정답**
> • 열전도율이 작을 것
> • 흡습성이 작을 것
> • 불연성 또는 난연성일 것
> • 팽창계수가 작을 것

58 열의 운반을 위한 방법 중 공기방식 3가지를 쓰시오.

> **정답**
> • 단일덕트 방식
> • 이중덕트 방식
> • 멀티존유닛방식

59 브라인 구비조건 3가지를 쓰시오.

정답

- 비열과 열전도율이 클 것
- 끓는점이 높고, 불연성일 것
- 부식성이 없을 것
- 점성이 작을 것
- 응고점이 낮을 것

60 다음 그림과 같이 15 [A] 강관을 45° 엘보에 동일부속 나사 연결할 때 관의 실제 소요길이는? (단, 엘보중심 길이 21 [mm], 나사물림 길이 11 [mm]이다)

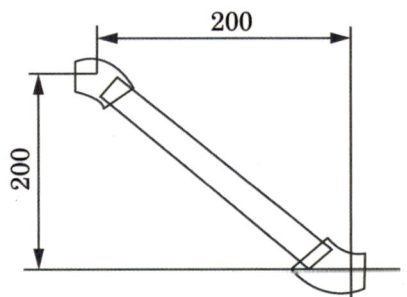

정답

$l = L - 2(A - a)$

$L = \sqrt{200^2 + 200^2} = 282.8\ [mm]$

$\therefore\ l = 282.8 - 2(21 - 11) = 262.8\ [mm]$

61 15 [℃]의 공기 15 [kg]과 30 [℃]의 공기 5 [kg]을 혼합할 때 혼합 후의 공기온도는?

> **정답**
>
> 혼합공기 $t_3 = \dfrac{G_1 t_1 + G_2 t_2}{G_1 + G_2} = \dfrac{(15 \times 15) + (30 \times 5)}{15 + 5} = 18.75 \ [°C]$

62 냉동사이클에서 증발온도가 −15 [℃]이고 과열도가 5 [℃]일 경우 압축기 흡입가스 온도는?

> **정답**
>
> 압축기 흡입가스온도 = 증발온도 + 과열도 = -15 + 5 = -10 [°C]

63 압축기 효율 3가지를 쓰시오.

> **정답**
>
> - 기계효율
> - 압축효율
> - 체적효율

64 건구온도 33 [℃], 상대습도 50 [%]인 습공기 500 [m³/h]를 냉각코일에 의하여 냉각한다. 코일의 장치노점온도는 9 [℃]이고 바이패스 팩터가 0.1이라면, 냉각된 공기의 온도는?

> **정답**
> 냉각된 공기의 온도 $= DT + (f \times \triangle t) = 9 + [0.1 \times (33-9)] = 11.4\,[°C]$

65 표준 냉동사이클에서 과냉각도는 얼마인가?

> **정답**
> 5 [°C]

66 신축이음 종류 3가지를 쓰시오.

> **정답**
> - 루프형
> - 벨로즈형
> - 스위블형
> - 슬리브형

67 30 [℃]에서 2 [Ω]의 동선이 온도 70 [℃]로 상승하였을 때, 저항은 얼마가 되는가? (단, 동선의 저항온도계수는 0.0042이다)

> **정답**
>
> $R_2 = R_1[1 + \alpha(t_2 - t_1)] = 2[1 + 0.0042(70 - 30)] = 2.3\,[\Omega]$

68 암모니아 냉동장치에서 팽창 밸브 직전의 온도가 25 [℃], 흡입가스의 온도가 -10 [℃]인 건조포화 증기인 경우, 냉매 1 [kg]당 냉동효과가 350 [kcal]이고 냉동능력 15 [RT]가 요구될 때의 냉매순환량은?

> **정답**
>
> - 증발기에서 단위 시간에 냉동 사이클을 순환하는 냉매량이며, 단위 시간에 냉매가 증발기에서 증발하는 양이다.
> - 냉매순환량 = $\dfrac{냉동능력}{냉동효과} = \dfrac{15 \times 3320}{350} = 142.28\,[kg/h]$

69 보일러의 3대 구성요소를 쓰시오.

> **정답**
>
> - 보일러 본체
> - 연소장치
> - 부속장치

70 15 [℃] 1 [ton]의 물을 0 [℃]의 얼음으로 만드는 데 제거해야 할 열량은? (단, 물의 비열 4.2 [kJ/kg·K], 응고잠열 334 [kJ/kg]이다)

> **정답**
>
> $Q = q_1 + q_2$
>
> $q_1 = GC\Delta t = 1000 \times 4.2 \times (15-0) = 63000 \, [kJ]$
>
> $q_2 = G\gamma = 1000 \times 334 = 334000 \, [kJ]$
>
> $\therefore 63000 + 334000 = 397000 \, [kJ]$

71 시간당 5000 [m³]의 공기가 지름 80 [cm]의 원형 덕트 내를 흐를 때 풍속은 약 몇 [m/s]인가?

> **정답**
>
> $Q = AV$
>
> $V = \dfrac{Q}{A} = \dfrac{4Q}{\pi D^2} = \dfrac{4 \times 5000}{\pi \times 0.8^2} \times 3600 = 2.76 \, [m/s]$

72 공정점이 -55 [℃]이고 저온용 브라인으로서 일반적으로 제빙, 냉장 및 공업용으로 많이 사용되는 것은?

> **정답**
>
> 염화칼슘

73 가스배관에서 가스가 누설될 경우 중독 및 폭발사고를 미연에 방지하기 위하여 조금만 누설되어도 냄새로 충분히 감지할 수 있도록 설치하는 장치는?

> **정답**
>
> 부취설비

74 압축기 진동과 서징, 관의 수격작용, 지진 등에서 발생하는 진동을 억제하기 위해 사용하는 지지장치는?

> **정답**
>
> 브레이스

75 보일러 제어에서 자동연소제어에 해당하는 약호를 쓰시오.

> **정답**
>
> ACC
>
> [보충]
> ① ACC : 자동연소제어
> ② ABC : 보일러자동제어
> ③ STC : 증기온도제어
> ④ FWC : 급수제어

76 공기냉각용 증발기로서 주로 벽코일 동결실의 선반으로 사용되는 증발기의 형식은?

> **정답**
>
> 캐스케이드식 증발기

77 고열원 온도 T_1, 저열원 온도 T_2인 카르노사이클의 열효율은?

> **정답**
>
> $$\frac{T_1 - T_2}{T_1}$$
>
> ※ 냉동기 COP = $\dfrac{T_2}{T_1 - T_2}$
>
> 　열펌프 COP = $\dfrac{T_1}{T_1 - T_2}$

78 냉동 장치에서 다단 압축을 하는 목적 3가지를 쓰시오.

> **정답**
> - 압축비 감소
> - 체적 효율 증가
> - 압축 일량 감소
> - 압축기 내부온도상승 방지

79 암모니아 냉동기와 프레온 냉동기에서 일반적으로 압축비가 얼마 이상일 때 2단 압축을 하는지 각각 쓰시오.

> **정답**
>
> - 암모니아(NH3) : 6
> - 프레온 : 9

80 1분간 25 [℃]의 순수한 물 100 [L]를 3 [℃]로 냉각하기 위하여 필요한 냉동기의 냉동톤은 약 얼마인가?

> **정답**
>
> $Q = GC\Delta t = 100 \times 1 \times (25-3) \times 60 \times \dfrac{1}{3320} = 39.76 \, [RT]$

81 응축 온도가 13 [℃]이고, 증발온도가 -13 [℃]인 이론적 냉동 사이클에서 냉동기의 성적 계수는?

> **정답**
>
> $\text{COP} = \dfrac{Q_2}{Q_1 - Q_2} = \dfrac{T_2}{T_1 - T_2} = \dfrac{(273-13)}{(273+13)-(273-13)} = 10$

82 다음 그림과 같은 강관 이음부(A)에 적합하게 사용될 이음쇠로 맞는 것은?

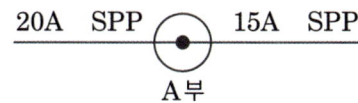

정답

이경소켓

83 동일한 증발온도일 경우 직접 팽창식과 간접 팽창식의 다음 빈칸에 알맞은 말을 쓰시오.

	직접 팽창식	간접 팽창식
열운반		
냉매 순환량		
냉매 충전량		
증발 온도		
열축적능력	없음	있음
소요동력		
설비 복잡성	간단	복잡

정답

	직접 팽창식	간접 팽창식
열운반	잠열	현열(감열)
냉매 순환량	적음	많음
냉매 충전량	많음	적음
증발 온도	높음	낮음
열축적능력	없음	있음
소요동력	작음	큼
설비 복잡성	간단	복잡

84 자연적인 냉동방법 3가지를 쓰시오.

> **정답**
> - 얼음의 융해 잠열 이용
> - 승화열 이용
> - 증발열 이용
> - 기한제 이용

85 개별 공조방식 3가지를 쓰시오.

> **정답**
> - 패키지방식
> - 룸 쿨러방식
> - 멀티유닛방식

86 중앙 공조방식 중 전공기 방식 두 가지를 쓰시오.

> **정답**
> - 단일덕트방식
> - 2중덕트방식

87 중앙 공조방식 중 공기·수방식 방식 두 가지를 쓰시오.

> **정답**
> - 덕트병용 팬코일 유닛방식
> - 유인 유닛방식
> - 복사 냉난방방식

88 중앙 공조방식 중 전수방식을 쓰시오.

> **정답**
> 팬코일 유닛방식

89 냉매 R-22의 분자식을 쓰시오.

> **정답**
> $CHClF_2$

90 유체의 속도가 15 [m/s]일 때, 이 유체의 속도수두는?

> **정답**
>
> $V = \sqrt{2gH}$
>
> $15 = \sqrt{2 \times 9.8 \times x}$
>
> $\therefore x = 11.5\,[m]$

91 호칭지름 20 [A]의 관을 그림과 같이 나사 이음할 때 중심 간의 길이가 200 [mm]라 하면 강관의 실제 소요되는 절단길이(mm)는? (단, 이음쇠에 중심에서 단면까지의 길이는 32 [mm], 나사가 물리는 최소의 길이는 13 [mm]이다)

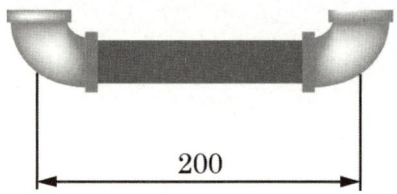

> **정답**
>
> $l = L - 2(A - a) = 200 - 2(32 - 13) = 162\,[mm]$

예상문제 부속품, 공구, 설비

01 냉동장치의 부속품 명칭과 용도, 설치 위치를 쓰시오.

> **정답**
> (1) 명칭 : 필터 드라이어
> (2) 용도 : 수분과 이물질 제거
> (3) 설치 위치 : 액관

02 다음은 관류보일러이다. 아래 보기 중 고온·고압 대용량에 적합하며, 효율이 가장 좋은 보일러를 쓰시오.

[보기]
㉠ 입형보일러, ㉡ 연관보일러, ㉢ 수관보일러, ㉣ 노통보일러, ㉤ 노통연관보일러

> **정답**
>
> ㉢ 수관보일러
>
> **[보충] 수관보일러**
> - 효율이 좋으며, 고온 고압 대용량에 적당
> - 급수 처리가 까다로움

03 부속기기 명칭과 기능을 쓰시오.

정답
(1) 명칭 : 전자식 팽창 밸브
(2) 기능 : 온도와 압력 센서에서 받은 신호를 제어

04 부속품의 명칭과 용도를 쓰시오.

> 정답
>
> (1) 명칭 : 서비스 밸브
> (2) 용도 : 냉매 흐름 개폐

05 냉동장치의 4대 구성요소를 쓰시오.

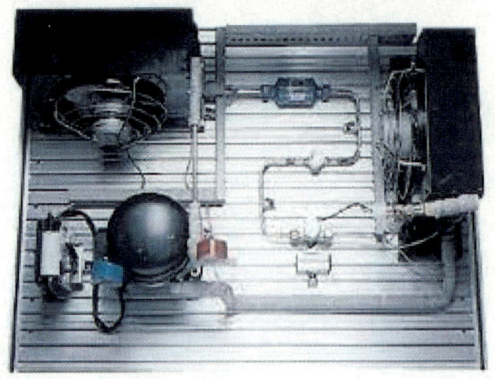

> 정답
>
> (1) 압축기
> (2) 응축기
> (3) 팽창 밸브
> (4) 증발기

06 댐퍼 명칭을 쓰시오.

정답

스프릿 댐퍼

[보충] 댐퍼 종류
- 버터플라이 댐퍼
- 루버 댐퍼

07 다음은 브라인냉동장치이다. 간접냉매(브라인)을 선택하는 경우 구비조건 3가지를 쓰시오.

> 정답

(1) 응고점이 낮을 것
(2) 열 용량이 클 것
(3) 전열이 양호할 것
(4) 부식성이 적을 것
(5) 점성이 적을 것
(6) 순환펌프의 동력소비가 적을 것

08 부품 명칭과 설치하는 이유를 쓰시오.

정답

(1) 명칭 : 오일 압력스위치(OPS)
(2) 설치 이유 : 유압을 감지하여 압축기 보호

09 부속장치 명칭과 종류 2가지를 쓰시오.

정답

(1) 명칭 : 외기 댐퍼
(2) 종류 : 버터플라이 댐퍼, 루버 댐퍼, 스프릿 댐퍼

10 부품 명칭과 동작 원리를 쓰시오.

정답

(1) 명칭 : 전자 밸브(솔레노이드 밸브)
(2) 동작 원리 : 코일에 전기가 통전되면 밸브를 개폐

11 부속기기 명칭과 전면 중앙 상부의 빨간 돌출부 명칭 및 기능을 쓰시오.

정답

(1) 명칭 : 고·저압력 스위치
(2) 빨간 돌출부 명칭 : 복귀버튼
(3) 빨간 돌출부 기능 : 이상압력 발생 시 냉동기보호와 수동복귀를 위함

12 기기 명칭과 A 청색호스, B 황색호스, C 적색호스는 각각 어디에 연결하는지 보기에서 골라 쓰시오.

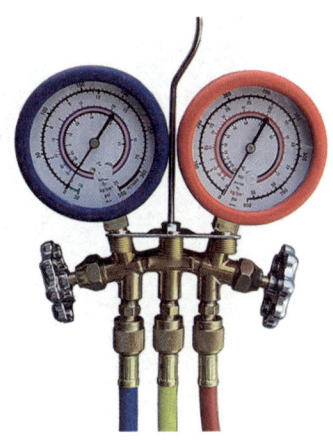

[보기]

고압부, 저압부, 용기, 진공펌프

정답

(1) 명칭 : 매니폴더게이지
(2) 연결부
  ① A 청색호스 : 저압부
  ② B 황색호스 : 진공펌프, 용기
  ③ C 적색호스 : 고압부

13 다음은 액분리기이다. 액분리기 설치 장소와 역할에 대해 쓰시오.

> **정답**
>
> (1) 설치 장소 : 증발기와 압축기 사이
> (2) 역할 : 압축기에 증기만 흡입하여 액냉매와 분리하며, 액압축 방지를 통해 압축기 보호

14 부속장치 명칭과 고성능으로 사용되는 것의 종류를 2가지 쓰시오.

> 정답
>
> (1) 명칭 : 에어필터(공기필터)
> (2) 종류 : HEPA 필터, ULPA 필터

15 다음은 공조기의 가열코일이다. 가열코일 종류 3가지를 쓰시오.

> 정답
>
> (1) 전열코일, (2) 증기코일, (3) 온수코일

16 밸브의 종류 명칭을 쓰시오.

> 정답

앵글형 글로브 밸브

17 부품 명칭과 기능, 설치 위치를 각각 쓰시오.

> 정답

(1) 명칭 : 사이트 글라스
(2) 기능 : 배관 중의 냉매가스 상태 확인
(3) 설치 위치 : 액관과 오일 회수관

[보충] 사이트 글라스 설치 목적
냉매 상태와 수분 여부, 냉매량 등을 색으로 확인

18 전자 접촉기(MC, Magnetic Contactor)는 그 과부하에 대한 보호 기능이 없다. 과부하 사고를 방지하기 위해 전자접촉기 안에 서머 릴레이(Thermal Overload Relay)의 열동형 과부하 계전기(THR)를 결합시킨 것의 명칭을 쓰시오.

정답
전자개폐기

19 부속품 명칭과 기능을 쓰시오.

> 정답
>
> (1) 명칭 : 공기배기 밸브(에어벤트)
> (2) 기능 : 공기를 배출하여 효율향상

20 다음은 냉동사이클에서 과냉각도를 크게 하기 위해 사용된 부속장치이다. 명칭과 기능을 쓰시오.

> 정답
>
> (1) 명칭 : 액가스 열교환기
> (2) 기능 : 증발기 흡입가스와 응축기의 액냉매를 열교환하여 팽창 밸브 입구 액온도를 높여 증발열량을 증대

21 장치 명칭과 기능을 쓰고, 노란색 용기에 사용되는 안전장치 종류를 쓰시오.

정답

(1) 명칭 : 역화방지기
(2) 기능 : 역화로 인한 장치 폭발 방지
(3) 종류 : 가용전식

22 밸브 명칭을 쓰시오.

정답

서비스 밸브

23 응축기의 3대 기능을 쓰시오.

정답

(1) 과열도 제거
(2) 냉매가스 응축
(3) 과냉각도 유지

24 압축기의 명칭을 쓰시오.

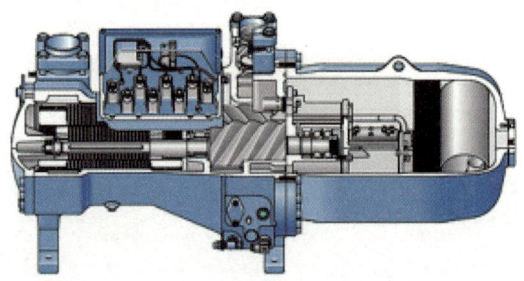

정답

스크류 압축기

25 액압축(리퀴드백)현상에 대해 쓰시오.

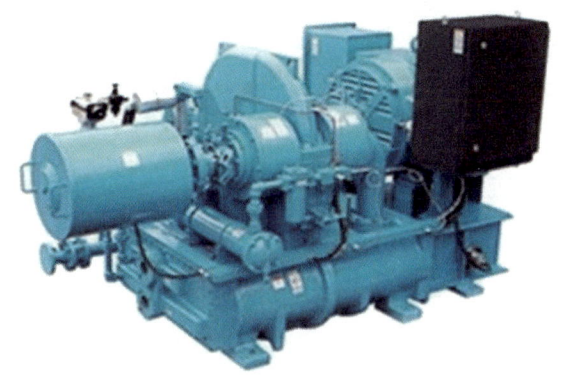

정답

증발기로부터 압축기로 유입되는 냉매 중 액냉매가 유입되는 현상

26 장치 명칭과 설치 목적을 각각 쓰시오.

정답

(1) 명칭 : 오일레귤레이터
(2) 설치 목적 : 압축기의 오일 압력을 균일하게 유지

27 다음 공구 명칭을 각각 쓰시오.

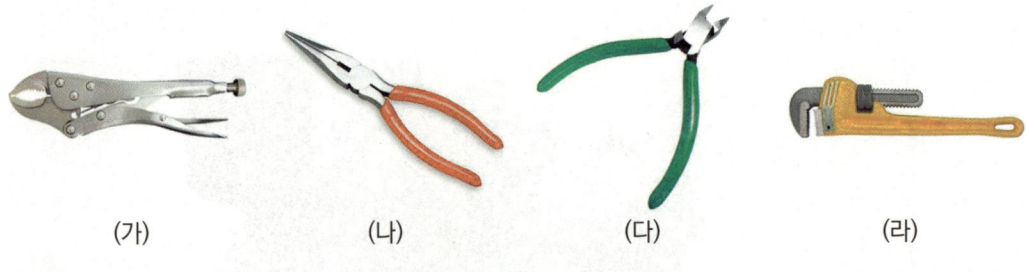

(가)   (나)   (다)   (라)

> 정답
>
> (가) : 플라이어
> (나) : 롱노즈플라이어
> (다) : 니퍼
> (라) : 파이프렌치

28 다음 장치의 명칭을 각각 쓰시오.

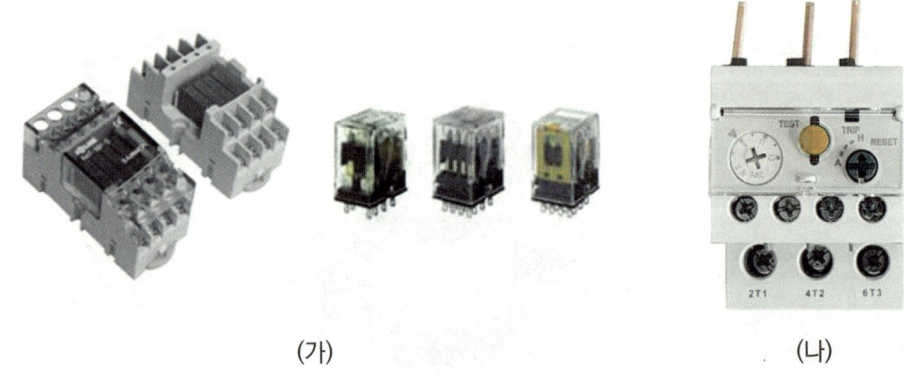

(가)   (나)

> 정답
>
> (가) : 릴레이
> (나) : 열동형 과부하계전기(THR)

29 부품 명칭과 역할을 각각 쓰시오.

정답

(1) 명칭 : 디스크식 증기트랩
(2) 역할 : 증기관의 응축수를 제거하여 수격작용과 부식방지

30 MPa 단위로 절대압력을 구하시오. (단, 대기압은 100 [kPa]로 한다)

※ 압력계 지침이 0.5 MPa을 가리키고 있음

정답

절대압력 = 대기압 + 게이지압력
       = 0.1 [MPa] + 0.5 [MPa] = 0.6 [MPa]

31 냉동기에서 냉매용기를 거꾸로 하여 냉매를 충전하는 이유를 쓰시오.

> 정답

냉매용기 상부에 냉매가 기체로 증발하면 조성비가 변화할 수 있으므로, 그것을 방지하여 액체상태로 충전하기 위해

32 공구 명칭을 쓰시오.

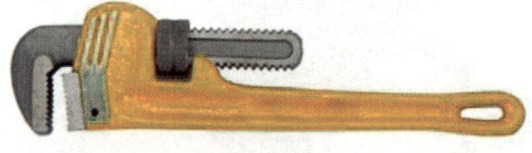

> 정답

파이프렌치

33 부품 명칭과 기능을 쓰시오.

정답
(1) 명칭 : 스트레이너
(2) 기능 : 이물질 제거

34 기기 명칭과 설치 위치, 기능을 각각 쓰시오.

> 정답
>
> (1) 명칭 : 수액기
> (2) 설치 위치 : 응축기와 팽창 밸브 사이
> (3) 기능 : 응축기에서 액화한 고온 · 고압의 냉매액을 저장

35 장치 명칭과 이 장치에 부착된 감온통 기능을 쓰시오.

> 정답
>
> (1) 명칭 : 온도식 자동 팽창 밸브
> (2) 감온통 기능 : 과열도를 감지하여 냉매 공급량 조절

36 공랭식 장치의 압축기 명칭을 쓰시오.

정답

왕복동식 압축기

37 배전반에 설치되어 있는 장치 명칭을 쓰시오.

정답

배선용 차단기

38 장치 명칭을 쓰시오.

정답

버터플라이 밸브

39 취출구 명칭과 특징 3가지를 쓰시오.

정답

(1) 명칭 : 노즐형 취출구
(2) 특징
  ① 소음 발생이 적음
  ② 천장이 높은 장소에 유리
  ③ 구조가 간단
  ④ 내부가 보임

40 장치 명칭과 용도를 쓰시오.

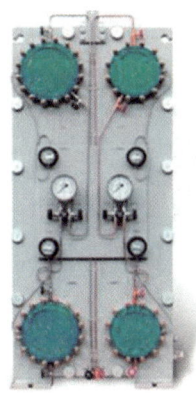
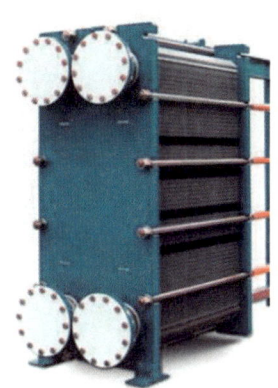

> 정답

(1) 명칭 : 판형 열교환기
(2) 용도 : 저온의 유체온도를 높이거나 고온의 유체온도를 낮춤

41 공기조화 송풍기에 연결된 덕트 이음방법과 설치 목적을 쓰시오.

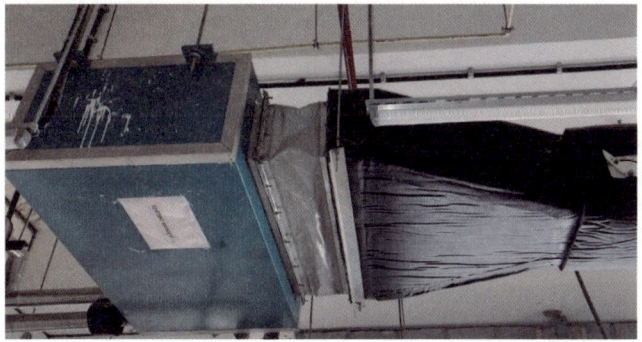

> 정답

(1) 이음 방법 : 캔버스 이음
(2) 설치 목적 : 송풍기의 진동이 덕트에 전해지는 것을 방지(진동방지)

42 배관라인 장치의 명칭과 설치 목적을 쓰시오.

> 정답
>
> (1) 명칭 : 고무커넥터
> (2) 설치 목적 : 신축작용 흡수

43 다음의 공구 명칭과 기능을 쓰시오.

> 정답
>
> (1) 명칭 : 라쳇렌치
> (2) 기능 : 너트의 분해 조립

44 멀티테스터기가 Ω에 위치되어 있을 때 작업자가 무슨 작업을 하는지 쓰시오.

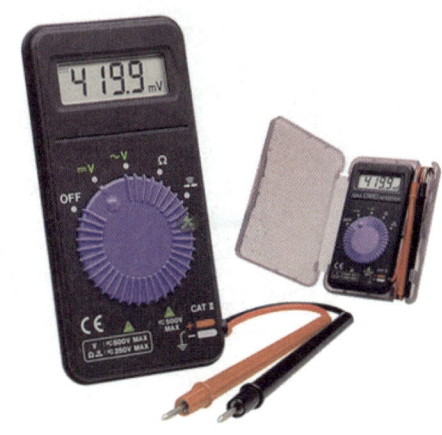

정답

도통시험

45 부품 명칭과 작동 원리를 쓰시오.

정답

(1) 명칭 : 기계식 부자형 증기 트랩
(2) 작동 원리 : 비중 차를 이용하여 응축수 배출

46 냉동설비 장치 명칭과 기능을 쓰시오.

> 정답
>
> (1) 명칭 : 냉매회수장치
> (2) 기능 : 냉매 회수

47 공구 명칭과 용도를 쓰시오.

> 정답
>
> (1) 명칭 : 수동 와이어 스트리퍼
> (2) 용도 : 전선의 피복을 벗기거나 전선을 절단

48 장치의 명칭을 쓰시오.

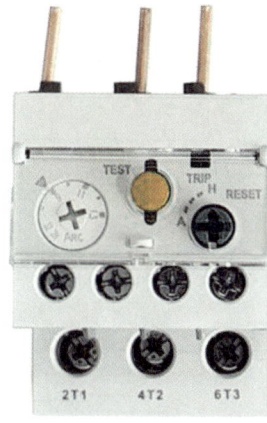

정답

열동형 과부하 계전기

49 다음은 배관 부속품이다. 각 명칭을 쓰시오.

①   ②   ③   ④

> **정답**
> ① : 소켓
> ② : 엘보
> ③ : 티
> ④ : 니플

50 다음을 보고 정면도를 그리시오.

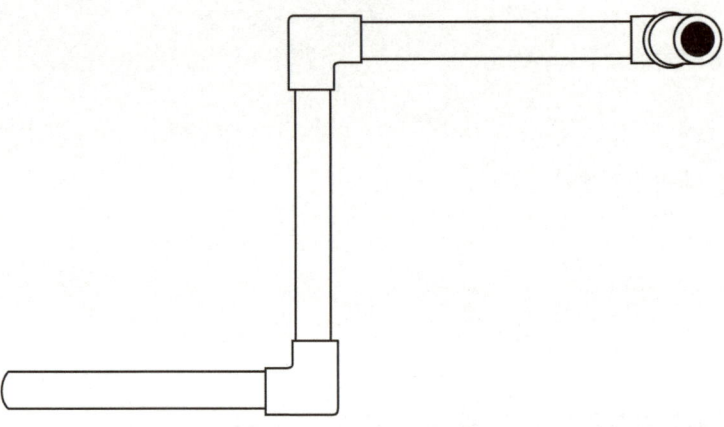

> **정답**

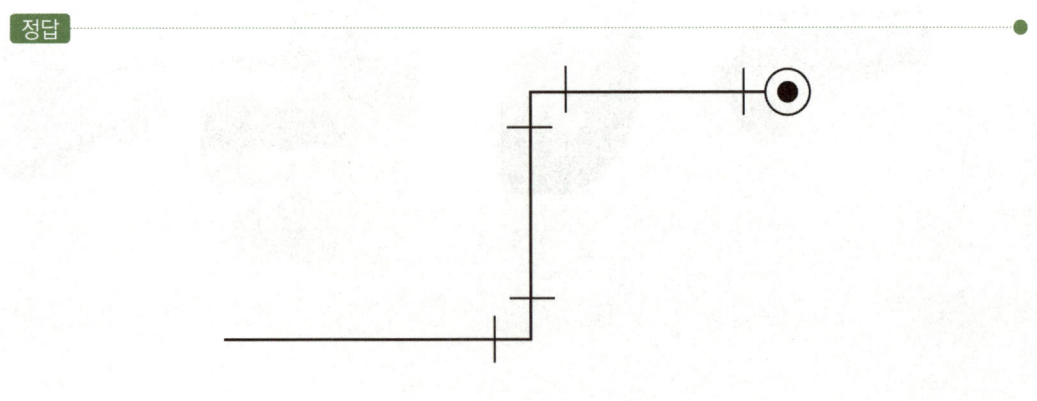

51 응축기의 3대 기능을 쓰시오.

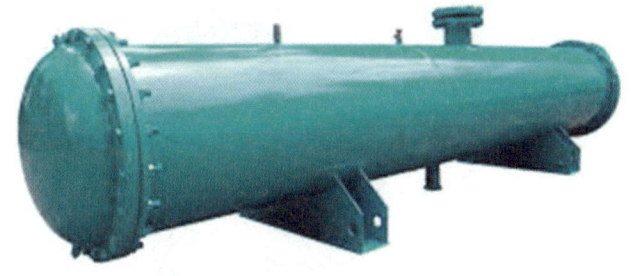

정답

(1) : 과열도 제거, (2) : 냉매가스 응축, (3) : 과냉각도 유지

52 부품의 명칭과 사용 용도를 쓰시오.

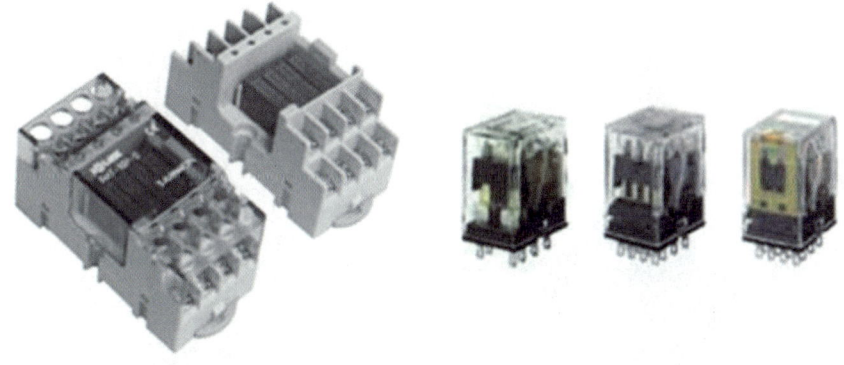

정답

(1) 명칭 : 릴레이(계전기)
(2) 사용 용도 : 전기회로의 개폐작용

53 입형 상태의 기기 명칭을 쓰시오.

> **정답**
>
> 온수저장탱크

54 (가)와 (나) 장치 명칭을 쓰시오.

(가)　　　　　　　　　(나)

> **정답**
>
> ㈎ : 감압 밸브
> ㈏ : 스프링식 안전 밸브

55 부품의 명칭과 기능을 쓰시오.

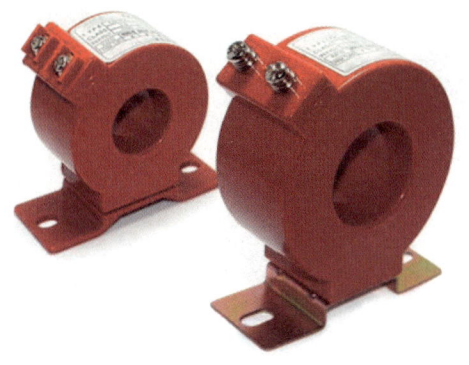

정답

(1) 명칭 : 변류기
(2) 기능 : 교류의 큰 전류로부터 작은 전류를 얻음

56 기기 명칭을 쓰시오.

정답

부저

57 공구 이름을 각각 쓰시오.

(가)　　　　　　　　　(나)

> 정답
>
> (가) : 튜브 커터
> (나) : 튜브 바이스

58 공구 명칭과 용도를 쓰시오.

> 정답
>
> (1) 명칭 : 드레인 밸브
> (2) 용도 : 이물질 배출

59 밸브 명칭과 기능을 쓰시오.

정답

(1) 명칭 : 체크 밸브
(2) 기능 : 역류방지

60 부속품 명칭과 기능을 쓰시오.

정답

(1) 명칭 : 공기빼기 밸브
(2) 기능 : 배관 내의 공기를 외부로 배출

61 취출구(디퓨져)의 명칭을 쓰시오.

> **정답**
>
> 그릴형 취출구

62 장치의 명칭과 역할을 쓰시오.

> **정답**
>
> (1) 명칭 : 응축기
> (2) 역할 : 압축기로부터 나온 고온, 고압의 냉매를 액화시킴

63 장치 명칭과 형식을 쓰시오.

> 정답
>
> (1) 명칭 : 냉각탑(쿨링타워)
> (2) 형식 : 직교류형

64 장치 명칭과 기능을 쓰시오.

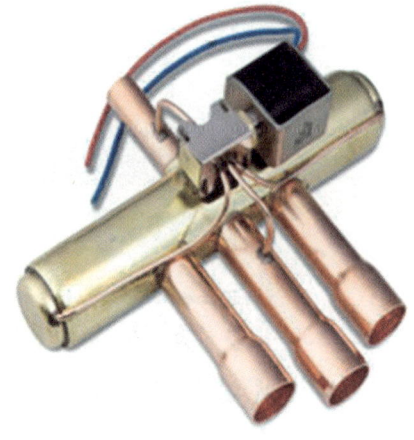

> 정답
>
> (1) 명칭 : 사방 밸브
> (2) 기능 : 냉동장치와 히트펌프의 유체 흐름을 바꾸어 냉방과 난방 전환

65 장치 명칭과 설치 목적을 각각 쓰시오.

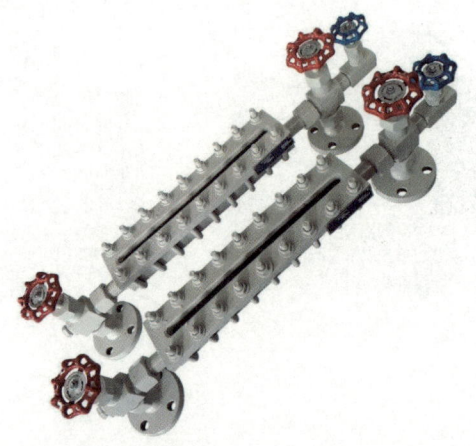

> 정답

(1) 명칭 : 수면계
(2) 설치 목적 : 수면 측정

66 부품 명칭을 쓰시오.

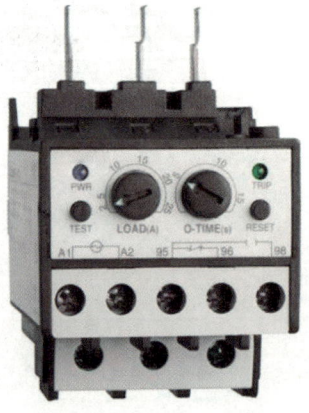

> 정답

전자식 과전류 계전기(EOCR)

67 장치 명칭과 설치 목적을 쓰시오.

정답

(1) 명칭 : 플렉시블 이음
(2) 설치 목적 : 진동과 충격 완화

68 동관 이음쇠의 명칭과 목적을 쓰시오.

정답

(1) 명칭 : 플레어 이음(압축 이음)
(2) 사용 목적 : 고장 시 분해 점검 수리

69 부품 명칭과 설치 목적을 쓰시오.

정답

(1) 명칭 : 리미트스위치
(2) 설치 목적 : 출입문 개폐

70 다음은 전기설비에 사용되는 측정기이다. 이 부품의 명칭을 쓰시오.

정답

전압계

71 화살표 부분의 명칭과 역할을 쓰시오.

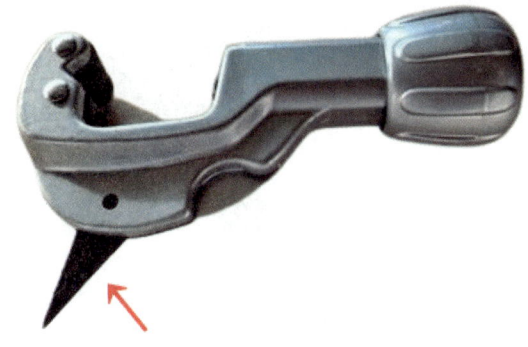

정답

(1) 명칭 : 리머
(2) 역할 : 거스러미 제거

72 밸브 명칭과 설치 목적을 쓰시오.

정답

(1) 명칭 : 스프링식 안전 밸브
(2) 설치 목적 : 압력 이상 상승 시 내부 압력을 배출하여 설정 압력으로 되돌림

73 공구 명칭과 그 사용목적을 쓰시오.

> 정답
>
> (1) 명칭 : 리이머
> (2) 용도 : 거스러미 제거

74 다음에서 보여주는 장치 명칭과 용도를 쓰시오.

> 정답
>
> (1) 명칭 : 파열판
> (2) 용도 : 용기의 압력상승 시 용기파열 방지

Part 03

필답형 최신 복원문제

2023년 3회

01 다음 회로를 보고 각각의 상황에 대해 설명하시오.

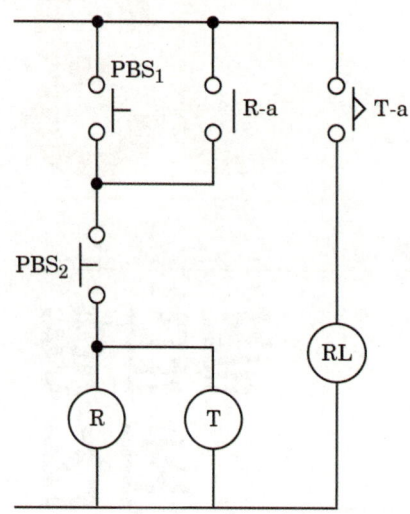

(1) PBS₁을 눌렀을 때 :
(2) 타이머 설정시간 후 :
(3) PBS₂를 눌렀을 때 :

> **정답**
>
> (1) PBS₁을 눌렀을 때 : R과 T가 여자되며 R-a접점이 자기유지됨
> (2) 타이머 설정시간 후 : RL이 점등
> (3) PBS₂를 눌렀을 때 : 원상복귀

02 다음 몰리에르선도를 보고, ㉮, ㉯, ①, ②, ③에 대해 설명하시오.

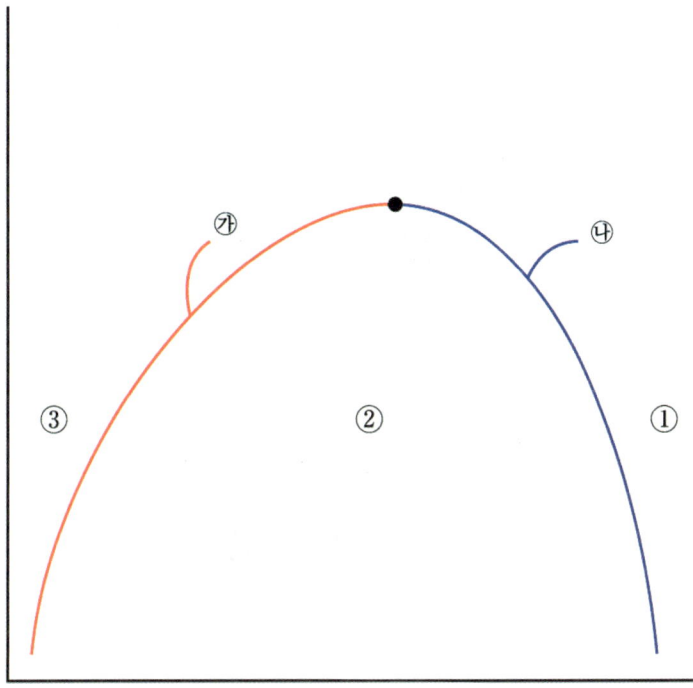

> 정답

㉮ : 포화액선
㉯ : 건포화증기선
① : 과열증기구역
② : 습증기구역
③ : 과냉각액 구역

03 다음은 회로에 과전류가 흘렀을 때 내부의 히터가 가열되어 바이메탈이 휘어져 접점이 열리며 회로를 차단하는 것이다. 이와 같이 과전류가 흘렀을 때 회로를 차단하여 기기를 보호하는 것의 명칭을 쓰시오.

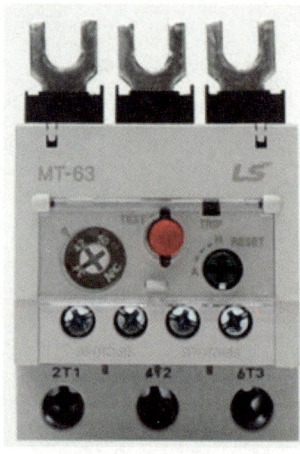

정답

열동형과부하계전기(THR)

04 10 [kgf/cm²]을 MPa과 bar로 변환한 값을 구하시오.

정답

(1) $\dfrac{10[kg/cm^2]}{1.0332[kg/cm^2]} \times 1.013[bar] = 9.81[bar]$

(2) $\dfrac{10[kg/cm^2]}{1.0332[kg/cm^2]} \times 0.101325[MPa] = 0.98[MPa]$

05 다음 그림을 보고 송풍량(m³/h)을 구하시오. (단, 공기의 비열은 1.01 [kJ/kgK]이며, 공기의 비중량은 1.2 [kg/m³]이다)

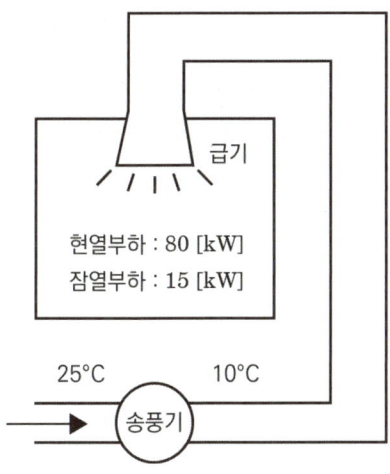

> 정답

$Q = q \times 1.2 \times C \times \triangle t$

$q = \dfrac{Q}{1.2 \times C \times \triangle t} = \dfrac{80 \times 3600}{1.2 \times 1.01 \times (25-10)} = 15841.58$

06 강관을 직선이음할 때 사용하는 부속 2가지를 쓰시오.

> 정답

(1) : 유니언

(2) : 플랜지

(3) : 소켓

(4) : 니플

2023년 3회

07 다음 그림의 명칭과 설치 목적을 쓰시오.

정답

(1) 명칭 : 필터드라이어
(2) 설치 목적 : 수분 제거

08 다음 그림은 송풍기와 덕트 사이에 설치하는 설비이다. 이것의 명칭과 설치 목적을 쓰시오.

> **정답**
>
> (1) 명칭 : 캔버스이음
> (2) 설치 목적 : 송풍기 운전 시 생기는 소음과 진동이 덕트에 전달되지 않도록 하기 위함

09 다음의 도시기호 명칭을 쓰시오.

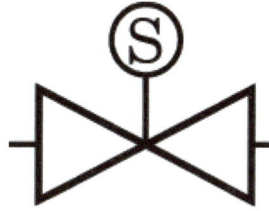

> **정답**
>
> 솔레노이드 밸브(전자 밸브)

10 다음 그림에서 보여주는 명칭을 각각 쓰시오.

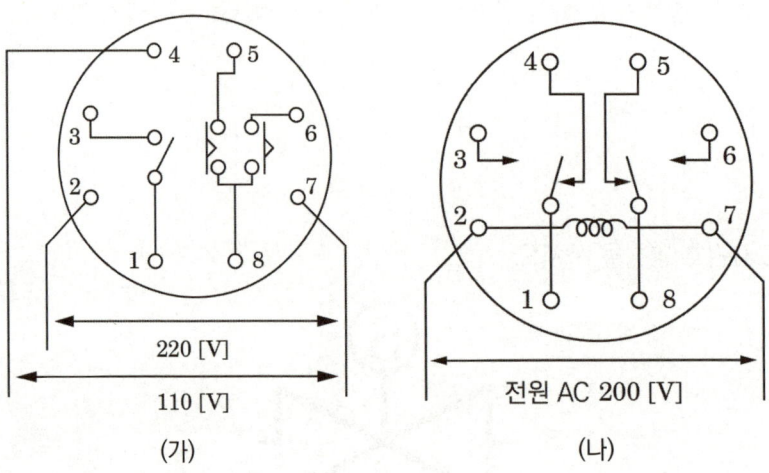

정답

(가) 타이머
(나) 8핀 릴레이

2023년 4회

01 다음에서 보여주는 회로의 동작조건을 보고 각각의 번호에 알맞은 명칭을 쓰시오.

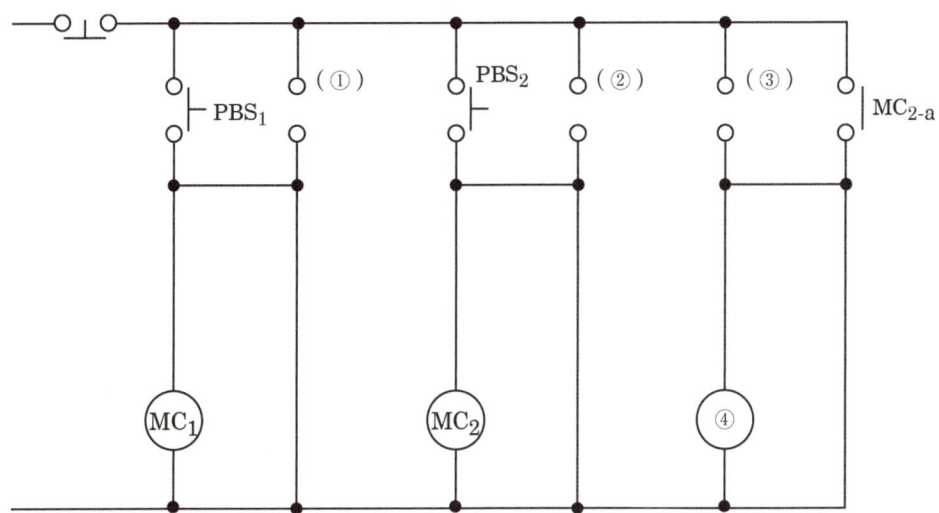

[조건]
PBS₁을 누르면 MC₁이 동작하며 자기유지된다.
PBS₂를 누르면 MC₂가 동작하며 자기유지된다.
PBS₁ 또는 PBS₂ 둘 중 하나만 눌러도 RL이 작동한다.

①
②
③
④

정답

① : MC_{1-a}
② : MC_{2-a}
③ : MC_{1-a}
④ : RL

02 다음 그림을 보고 감온통의 설치 위치와 설치 목적을 쓰시오.

> 정답
>
> (1) 설치 위치 : 증발기 출구
> (2) 설치 목적 : 증발기 출구의 과열도 감지, 냉매 공급 유량 조절

03 다음의 빈칸에 알맞은 말을 쓰시오.

> 냉동톤(RT) : (①) 동안 (②) 의 물 1 [ton]을 (③) 얼음으로 만들 때 제거해야할 열량

> 정답
>
> ① : 24시간
> ② : 0 [°C]
> ③ : 0 [°C]

04 다음 그림의 명칭과 기능을 쓰시오.

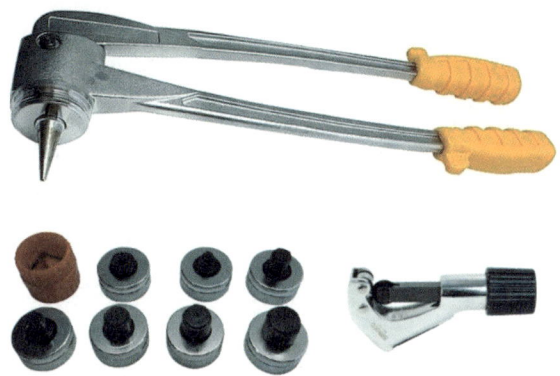

> **정답**
>
> (1) 명칭 : 동관용확관기(익스팬더)
> (2) 기능 : 관의 지름을 넓히는 공구

05 다음은 덕트에 설치하는 부속품이다. 이는 덕트 내부 와류로인한 저항을 줄이는 역할을 하는데, 이에 해당하는 명칭을 쓰시오.

 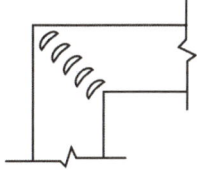

> **정답**
>
> 가이드베인

06 1000 [kg/hr]의 공기를 10 [℃]에서 30 [℃]로 가열하려고 할 때 필요한 가열량(kW)을 구하시오. (단, 비열은 1.01 [kJ/kgK]이다)

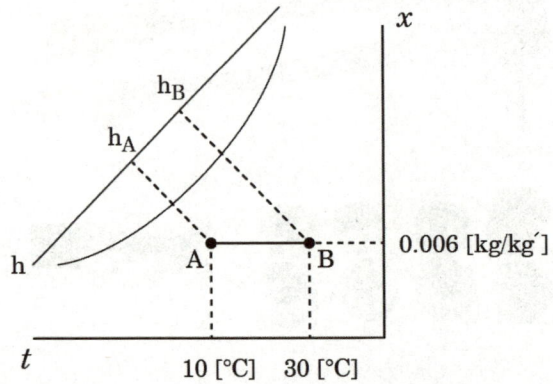

> **정답**
>
> $Q = GC\triangle t = 1000 \times 1.01 \times (30-10) = 20200 \, [kJ/h]$
>
> $\therefore \dfrac{20200}{3600} = 5.61 \, [kW]$

07 LMTD를 구하는 공식을 쓰고 명칭을 쓰시오.

> **정답**
>
> (1) 공식 : $LMTD = \dfrac{\triangle T_1 - \triangle T_2}{\ln \dfrac{\triangle T_1}{\triangle T_2}}$
>
> (2) 명칭 : 대수평균온도차

08 다음 그림을 보고 명칭과 설치 목적을 쓰시오.

> **정답**
> (1) 명칭 : 사이트글라스(투시경)
> (2) 설치 목적 : 배관의 냉매가스 상태 확인

09 다음 그림의 장치 명칭을 쓰시오.

> **정답**
> 전자접촉기(MC)

10 다음의 전열교환기를 이용한 공기조화장치의 상태점을 습공기선도에 표시하시오.

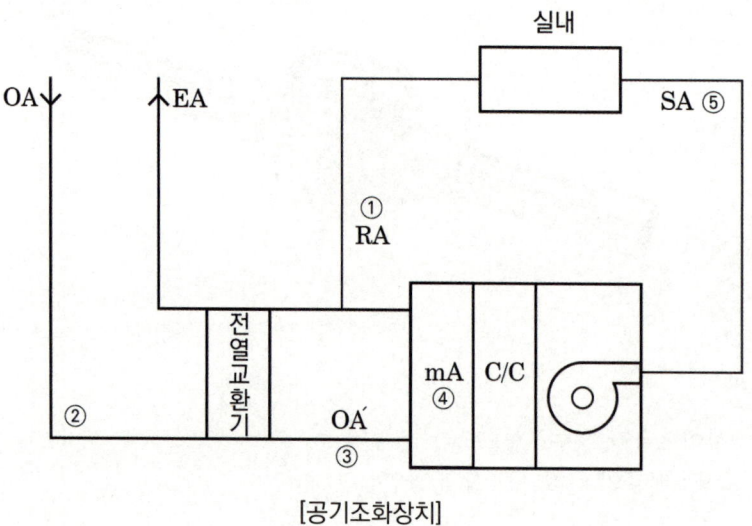

[공기조화장치]

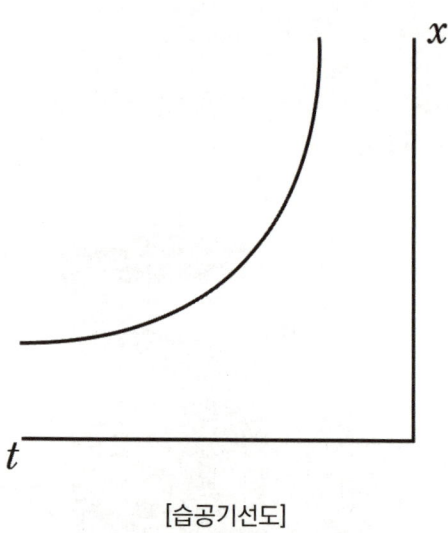

[습공기선도]

정답

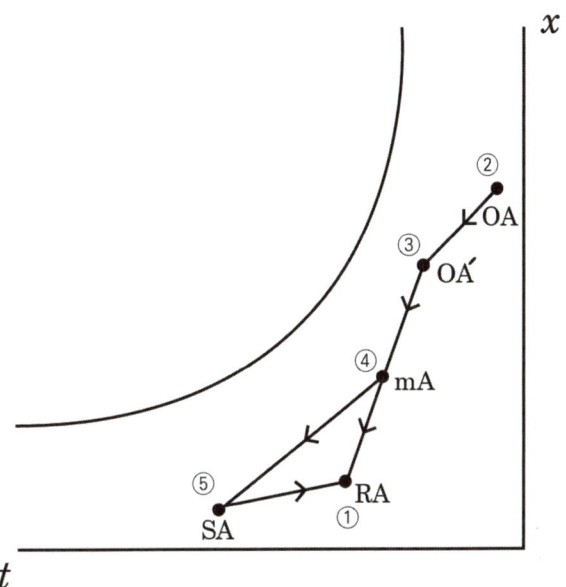

[모아] 공조냉동기계기능사 실기(개정판)

발행일	2024년 2월 19일 개정판 1쇄
지은이	오민정
발행인	황모아
발행처	(주)모아교육그룹
주 소	서울특별시 영등포구 영신로 32길 29 세화빌딩 2층
전 화	070-4454-1586
등 록	제2015-000006호 (2015.1.16.)
이메일	moate2068@hanmail.net
누리집	www.moate.co.kr
ISBN	979-11-6804-228-5 (13550)

이 책의 가격은 뒤표지에 있습니다.

Copyright ⓒ (주)모아교육그룹 Co., Ltd. All Rights Reserved.

이 책은 저작권법에 의해 보호를 받는 저작물이므로 저자와 출판사의 서면 허락 없이 내용의 전부 또는 일부를 이용하는 것을 금합니다.

공조냉동기계기능사 합격!
여러분의 합격은 모아의 보람입니다.

끊임없이 변화를
추구하는 교육기업
모아교육그룹

모아를 선택해주신 여러분께 감사드립니다.

✔ 모아는 혁신적인 교육을 통해 인간의 사고(思考)를
  확장 및 변화시킬 수 있다고 믿고 있습니다.
✔ 모아는 미래를 교육으로 변화시킬 수 있다고 믿고 있습니다.
✔ 모아는 청년부터 장년, 중년, 노년까지의
  성인교육에 중점을 두고 사업을 진행하고 있습니다.

초고령화, 불확실성의 시대
모아는 당신의 미래를 함께 하는 혁신적인 교육 플랫폼이 되겠습니다.